Technische Grundbegriffe für Metallberufe

in einfacher Sprache

Ulrich Karthäuser

Handwerk und Technik · Hamburg

Vorwort

Dies ist ein Buch in einfacher Sprache.
Dieses Buch erklärt viele Grundbegriffe und Fachbegriffe der Metallberufe.
Es erklärt Inhalte aus den ersten Ausbildungsjahren.
Durch kurze Sätze sind wichtige Themen leicht zu verstehen.
Verstehen ist viel besser als auswendig zu lernen.

Das Buch kann vor der Ausbildung eine gute Grundlage schaffen.
Das Buch hilft komplizierte Texte aus anderen Fachbüchern zu verstehen.
Kurze Sätze helfen, sich Themen mit einem Übersetzungsprogramm zu erarbeiten.

Am Ende des Buches befindet sich ein großes Stichwortverzeichnis.
Themen aus Beruf, Unterricht und Prüfungen können gezielt bearbeitet werden.

Ausbildern und Lehrern hilft das Buch bei der Suche nach verständlichen und klaren Formulierungen.

Autor und Verlag

Inhaltsverzeichnis

1. Größen

Länge, Zeit, Temperatur und vieles mehr sind Größen.

2. Einheiten

Um Größen zu bestimmen, werden Einheiten gebraucht.
Es ist wichtig, dass diese Einheiten überall gelten.
Damit sie überall gelten, gibt es ein Internationales Einheitensystem.
Es heißt SI für *System International.*
Die Grundlage sind die SI-Basisgrößen.
Die Basisgrößen sind Grundlage für weitere Größen und Einheiten.
Weitere Größen heißen abgeleitete Größen.
Weitere Einheiten heißen abgeleitete Einheiten.
Größen und Einheiten finden sich im Tabellenbuch.

Um Einheiten zu vergrößern oder zu verkleinern, gibt es Vorsätze.
Der Vorsatz »k« steht für »mal tausend«. So ist 1 km = 1000 m.
Der Vorsatz »m« steht für »tausendstel«. 1 g ergibt also 1000 mg.
Auch die Vorsätze sind genormt.

2.1. Wichtige Einheiten

2.1.1. Länge (l)

Die Einheit für Länge ist Meter. Das Zeichen für Meter ist m.
In der Metallindustrie ist die Angabe in Millimeter üblich, also mm.

Es gibt auch andere Einheiten, besonders in England und englischsprachigen Ländern. Die Wichtigste davon ist Zoll.
Zoll heißt auf englisch inch.
Das Maß inch findet sich im Tabellenbuch.
Das Zeichen für Zoll ist ".

1 Zoll = 1 inch = 25,4 mm

2.1.2. Fläche (A)

Die Einheit für Fläche ist Quadratmeter.
Ein Quadratmeter ist 1 Meter mal 1 Meter.
Das Zeichen für Quadratmeter ist m^2.
In der Metallindustrie ist die Angabe in Quadratmillimeter üblich.
Das Zeichen für Quadratmillimeter ist mm^2.

$1\ m^2 = 1000\ mm \times 1000\ mm$, also $1000\,000\ mm^2$

2.1.3. Volumen (V)

Die Einheit für Volumen ist Kubikmeter.
Ein Kubikmeter ist 1 Meter mal 1 Meter mal 1 Meter.
Das Zeichen für Kubikmeter ist m^3.

$1\ m^3 = 1000\ mm \times 1000\ mm \times 1000\ mm$, also $1000\,000\,000\ mm^3$

2.1.4. Winkel (α, β, γ ...)

Winkel werden mit griechischen Buchstaben benannt.
Winkel sind Drehungen um einen Kreismittelpunkt.
Die Einheit für Winkel ist Grad.
Das Zeichen für Grad ist °.
Eine ganze Drehung, also ein Kreis, sind 360°.
Ein Viertelkreis heißt rechter Winkel. Er beträgt 90°.
Einen Winkel von einem Grad kann man in 60 Minuten aufteilen.
Das Zeichen für Minute ist '.

Ein Winkel von einer Minute besteht aus 60 Sekunden.
Das Zeichen für Sekunde ist ".
1° = 60' und 1' = 60"
Winkel werden entweder als Dezimalzahl in Grad geschrieben oder in Grad, Minuten und Sekunden.

Beispiel: 1,51° = 1°30'36"

Die meisten Taschenrechner haben eine Taste, die Grad in eine Dezimalzahl umwandelt und auch umgekehrt Dezimalzahlen in Grad.

Die Beschriftung der Taste sind meist die Zeichen für Grad, Minute und Sekunde °, ', ".

2.1.5. Masse (m)

Die Masse eines Körpers gibt seine Stoffmenge an.
Die Einheit ist das Kilogramm.
Da »Kilo« tausend bedeutet, ist 1 Kilogramm gleich 1000 Gramm.
Das Zeichen für Kilogramm ist kg.
Das Zeichen für Gramm ist g.
1 Gramm lässt sich in 1000 Milligramm aufteilen.
1000 kg werden eine Tonne genannt.
Das Zeichen für Tonne ist t.

1000 mg = 1 g; 1000 g = 1 kg; 1000 kg = 1 t

2.1.6. Kraft (F)

Auf der Erde wirkt auf jede Masse die Erdanziehungskraft.
Die Erdanziehungskraft auf eine Masse von einem Kilogramm beträgt 9,81 Newton.
Der Betrag ist an den Polen etwas höher und am Äquator etwas niedriger.
Hauptursache für diesen Unterschied ist die Drehbewegung der Erde.
Das Zeichen für Newton ist N.
1 kg entspricht auf der Erde 9,81 N.

2.1.7. Druck (p)

Wirkt Kraft auf eine Fläche, übt sie Druck aus.
Wenn die Kraft gleich bleibt, wird der Druck größer, wenn die Fläche kleiner wird.
Als Einheiten dienen Pascal und Bar.
Das Zeichen für Pascal ist Pa.
Das Zeichen für Bar ist bar.
Ein Pascal ist ein Newton pro Quadratmeter.

$$1\ \text{Pa} = 1\ \frac{\text{N}}{\text{m}^2}$$

$$1\ \text{bar} = 100\,000\ \text{Pa} = 10\ \frac{\text{N}}{\text{cm}^2} = 0{,}1\ \frac{\text{N}}{\text{mm}^2}$$

2.1.8. Temperatur (t); absolute Temperatur (T)

Die Temperatur gibt an, wie warm etwas ist.
Körper, Flüssigkeiten und Gase geben Wärme ab, wenn sie wärmer als benachbarte Körper, Flüssigkeiten oder Gase sind.

Sie nehmen Wärme auf, wenn sie kälter als benachbarte Körper, Flüssigkeiten oder Gase sind.
Die Einheiten sind Grad Celsius und Kelvin.
Das Zeichen für Grad Celsius ist °C.
Das Zeichen für Kelvin ist K.
Zwei Dinge mit unterschiedlicher Temperatur haben eine Temperaturdifferenz.
Eine zeitliche Veränderung der Temperatur ergibt auch eine Temperaturdifferenz.
Das Zeichen für Temperaturdifferenz ist Δt.
Das Zeichen wird »Delta T« gelesen.
Der griechische Buchstabe »Δ« heißt Delta. Manchmal wird auch ein kleines Delta »δ« geschrieben.

Die Temperaturdifferenz von einem Grad Celsius und einem Kelvin ist gleich.
Der Nullpunkt für die Temperatur in Grad Celsius ist der Gefrierpunkt von Wasser.
Der Nullpunkt für die Temperatur in Kelvin ist -273,15 °C.
Es ist der absolute Nullpunkt. Es kann nichts Kälteres geben.
Da es bei Kelvin keine Minustemperaturen gibt, heißt die Temperatur in Kelvin »absolute Temperatur«.
Temperatur ist Bewegung von Atomen und Molekülen.
Am absoluten Nullpunkt gibt es keine Bewegung mehr.

2.1.9. Zeit (t)

Zeit wird in Jahren, Monaten, Wochen, Tagen, Stunden, Minuten, Sekunden und verschiedenen Sekundenbruchteilen gemessen.
Die Basiseinheit ist die Sekunde.
60 Sekunden sind eine Minute.
60 Minuten sind eine Stunde.
Das Zeichen für Sekunde ist s.
Das Zeichen für Minute ist min.
Das Zeichen für Stunde ist h.

2.1.10. Periodendauer (T)

Sich ständig wiederholende Vorgänge werden »periodisch« genannt.
Die Zeit von einer Wiederholung bis zur nächsten Wiederholung heißt Periodendauer.

Bei schnelleren Vorgängen wird die Periodendauer Schwingungsdauer genannt.
Eine auf den Ton a' gestimmte Gitarrenseite schwingt 440 mal pro Sekunde.

Die Schwingungsdauer ist $\frac{1}{440}$ s.

2.1.11. Frequenz (f)

Die Anzahl von Schwingungen pro Sekunde heißt Frequenz.
Die Einheit für Frequenz ist Hertz.
Das Zeichen für Frequenz ist Hz.
Hz kann auch 1/s geschrieben werden.

2.1.12. Drehzahl (n)

Die Drehzahl ist die Anzahl von Umdrehungen pro Zeiteinheit.
Die Drehzahl gibt also die Frequenz einer Drehbewegung an.
Ein anderes Wort für Drehzahl ist Umdrehungsfrequenz.

Das Zeichen für Drehzahl ist $\frac{1}{s}$ oder $\frac{1}{min}$.

Manchmal wird auch s^{-1} oder min^{-1} geschrieben.

3. Prüfen

Von einem Produkt werden Eigenschaften verlangt.
Diese Eigenschaften werden geprüft.

3.1. Subjektives Prüfen

Subjektives Prüfen erfolgt ohne Prüfmittel.
Beim subjektiven Prüfen werden meist Eigenschaften wie Grate, Sauberkeit oder Oberflächengüte beurteilt.
Meistens wird durch Sehen und Fühlen geprüft.
Prüfmethoden sind also Sichtprüfung und Tastprüfung.
Es wird kein Gerät verwendet.
Ein Vergleich mit einem Muster ist möglich.

3.2. Objektives Prüfen – Messen

Objektives Prüfen erfolgt mit Prüfmitteln.
Objektives Prüfen unterteilt sich in Messen und Lehren.
Objektives Prüfen erfolgt oft auch automatisiert durch Prüfgeräte.
Beim Messen entsteht ein Messwert.
Ein Messwert besteht aus einer Zahl und einer Einheit.

3.2.1. Prüfmittel

Prüfmittel sind Werkzeuge für das Prüfen.
Prüfmittel sind Messgeräte, Lehren und Hilfsmittel.
Anzeigende Messgeräte geben den Messwert ablesbar an.
Maßverkörperungen sind die Vergleichsobjekte des Messens und Lehrens.
Sie sind im Prüfmittel die Wiedergabe des Maßes.
Beispiele für die Maßverkörperung bei Messgeräten sind die Striche auf einem Maßstab und die Spindel in einer Messschraube.

Die Zahnstange ist die Maßverkörperung.
Der Zeiger wird von der Zahnstange gedreht.

Lehren sind Maßverkörperungen und Formverkörperungen, die keinen Messwert liefern.
Sie lassen »Gut« und »Ausschuss« erkennen.
Beispiele sind Grenzlehrdorn, Radiuslehre und Winkel.

Hilfsmittel sind zum Beispiel Prismen und Lupen.

3.2.2. Messen

Der Messwert wird häufig als x bezeichnet und kann zusätzlich eine Nummer haben: x_1, x_2, x_3 …

3.2.3. Messabweichungen

Messabweichungen sind unvermeidbar.
Messabweichungen sollen möglichst klein gehalten werden.
Messabweichungen haben verschiedene Ursachen.

Systematische Messabweichungen werden vom Messgerät oder der Messbedingung verursacht. Typische Ursachen bei der Längenmessung sind hier als Beispiele aufgelistet.
Das Messgerät kann Fehler haben:

- Fertigungsfehler wie eine nicht stimmende Skala,
- abgenutzte Messflächen,
- falsch eingestellte Skalen,
- falsch eingestellte Nullpunkte,
- ungeeignete Messflächen

Die Messbedingung kann abweichen:

- die Messtemperatur stimmt nicht,
- die Messkraft ist falsch ausgewählt

Systematische Messabweichungen lassen sich berechnen.
Systematische Messfehler können rechnerisch ausgeglichen werden.

Zufällige Messabweichungen fallen häufig durch wechselnde Messwerte bei gleicher Messung auf.
Mögliche Ursachen bei der Längenmessung sind zum Beispiel:

- verschmutzte Messflächen,
- verkantetes Messwerkzeug,
- ungünstige Ableseposition,
- wechselnde Messkraft

Eine Messtemperatur von 20 °C gilt meist als normale Messbedingung.

3.2.4. Messmittelfähigkeit

Das Messmittel muss ausreichend genau sein.
Das Messmittel hat eine Messunsicherheit. Auf vielen Messmitteln ist sie angegeben.
Dem Maß ist eine Toleranz zugeordnet.
Die Toleranz ist die Größe des Bereichs, in dem das Maß liegen soll.
Die Messunsicherheit soll nicht größer als 10 % der Toleranz sein.

3.2.5. Kalibrieren

Messabweichungen werden regelmäßig geprüft.
Die Ergebnisse der Prüfung werden dokumentiert.
Diese Prüfung heißt Kalibrieren.
In vielen Firmen steht der nächste Prüftermin auf den Messgeräten.
Das Nachstellen des Messgerätes heißt Justieren und gehört nicht zum Kalibrieren.

3.3. Messgeräte

3.3.1. Maßstäbe

Strichmaßstäbe haben Striche als Maßverkörperung.
Das Maß wird direkt abgelesen.
Häufig wird das Wort Lineal verwendet.
Viele Lineale haben aber keine Maßverkörperung.

3.3.2. Messschieber

Der wichtigste Messschieber ist der Universalmessschieber.
Universalmessschieber werden auch Taschenmessschieber Messschieber Form A genannt.
Sie haben einen festen Teil und einen beweglichen Teil.
Zwischen den Messschenkeln werden Außenmaße gemessen.
Mit den Messschnäbeln werden Innenmaße gemessen.
Die Messschnäbel werden auch Messschneiden für Innenmaße genannt.

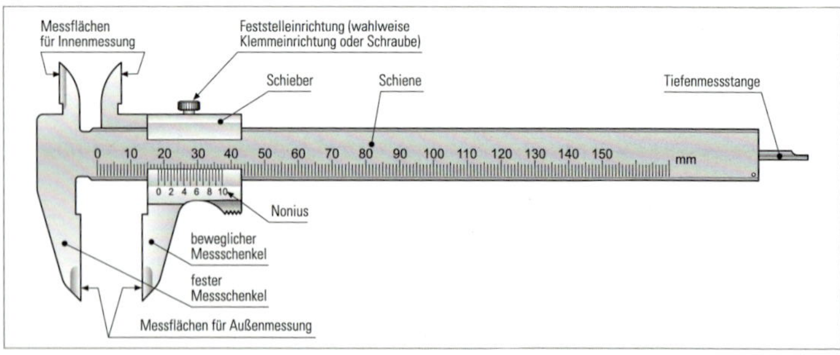

Messschieber. Ablesebeispiel: 18,4 mm

Mit der Tiefenmessstange werden Tiefen gemessen.

Die Stirnseiten des Messschiebers sind auch genau übereinander passend geschliffen.
Mit den Stirnseiten des Messschiebers können Stufen gemessen werden.

Stufenmessung an der Stufe hinter dem Messschieber

An den Stirnseiten des Messschiebers darf auch angerissen werden.
Zum Anreißen wird eine Anreißnadel verwendet.
Der Messschieber darf nicht als Anreißnadel verwendet werden.

Anreißen am Messschieber

Es gibt elektronische Messschieber und analoge Messschieber.
Analoge Messschieber gibt es mit Uhr oder mit Nonius.

Messschieber mit Nonius

Messschieber mit Nonius sind am häufigsten.
Die Messschiene hat eine Millimeterskala.
Der Nonius hat eine engere Teilung.
Zum Ablesen wird der volle Wert auf der Millimeterskala abgelesen.
Der Wert links von der Null des Nonius ist der Wert in Millimeter vor dem Komma.
Auf dem Nonius wird der Wert nach dem Komma abgelesen.

Ein Strich auf dem Nonius stimmt mit einem Strich auf der Millimeterskala am ehesten überein.
Dieser Strich auf dem Nonius ist der Wert nach dem Komma.
Es muss gerade auf den Messschieber geblickt werden.

Ein schräger Blickwinkel führt zu einem Fehler.
Dieser Fehler beim Ablesen heißt Parallaxenfehler.

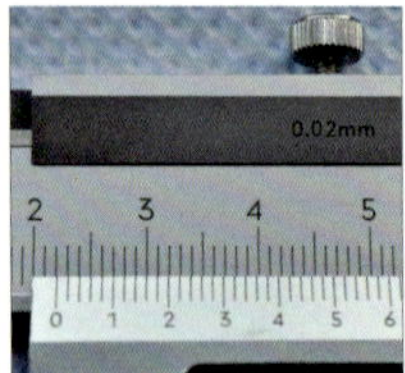

Ablesebeispiel: 22,10 mm

Messschieber mit Uhr

Messschieber mit Uhr sind sehr gut ablesbar.

Ist der Messschieber geschlossen, muss die Uhr auf Null stehen.
Die Uhr kann dazu verdreht werden.

Ein elektronischer Messschieber ist noch einfacher abzulesen.
Ein elektronischer Messschieber bietet mehr Messmöglichkeiten.
Es können Vergleichsmessungen gemacht werden.
Es können zum Beispiel Abweichungen von Musterteilen oder Parallelendmaßen gemessen werden.
Das Musterteil wird gemessen und der Messschieber auf null gesetzt.
Jetzt zeigt der Messschieber Abweichungen von dem Musterteil an.
Auch Bohrungsabstände können einfach gemessen werden.
Dazu wird der Messschieber auf den Durchmesser der Bohrung genullt.
Das Maß kann dann mit den Messschnäbeln direkt gemessen werden.

3.3.3. Wegmesssystem

In Maschinen sind häufig auch Maßstäbe eingebaut. Sie sind meistens Maßverkörperungen in Wegmesssystemen.
Wegmesssysteme können zur reinen Anzeige für den Benutzer dienen.
Sie ermöglichen es, genaue Positionen einfach abzulesen.
Wegmesssysteme sind aber auch für automatische Fahrbewegungen notwendig.

Sie bestehen meist aus Glas.
Das Maß wird durch wechselnde, durchscheinende und schwarze Flächen verkörpert.
Ein Lesekopf bestimmt die Position. Die Position wird auf einer Anzeige oder auf einem Bildschirm angezeigt.

3.4. Objektives Prüfen – Lehren

Beim Lehren entsteht ein eindeutiges Ergebnis, ob eine geforderte Eigenschaft erfüllt ist.
Lehren ergibt also ein »Ja« oder »Nein«, ob eine geforderte Eigenschaft erfüllt ist.
Lehren unterscheidet zwischen »Gut und Ausschuss«.
Lehren verkörpern Maße oder Formen.

3.4.1. Formlehren

Lineale

Lineale dienen zum Prüfen von Geradheit und Ebenheit.
Mit einer Fühlerlehre und einem Lineal lassen sich dabei Höchstabweichungen prüfen.
Haarlineale sind sehr genau. Sie werden mit dem Prüfgegenstand gegen das Licht gehalten. Diese Technik heißt Lichtspaltverfahren.
Eine Abweichung von 2 µm ist noch erkennbar.
1 µm (Mikrometer) ist ein tausendstel mm, also 0,001 mm.
2 µm ist also 0,002 mm, also 0,002 mm.

Winkel

Winkel lehren Formen.
Am häufigsten sind Winkel zum Lehren von 90°.
Ein Winkel von 90° heißt rechter Winkel.
Haarwinkel sind sehr genau.
Sie werden in verschiedenen Genauigkeitsgraden gefertigt.
Ein Haarwinkel mit dem Genauigkeitsgrad 00 und 100x70 mm Größe ist auf 3 µm genau gefertigt.
Ein Haarwinkel mit dem Genauigkeitsgrad 0 und 100x70 mm ist auf 7 µm genau gefertigt.
Ein Haarwinkel kann auch als Haarlineal dienen.

Ein Haarwinkel wird vorsichtig aufgesetzt. Er wird nie über die Fläche gezogen.

Radiuslehren

Eine Radiuslehre verkörpert einen Radius.
Mehrere Radien in einer Lehre heißen Radienlehre.

Gewindelehren

Gewindelehren verkörpern Gewinde.

Maßlehren

Maßlehren sind oft Teil eines Lehrensatzes.
Endmaße sind kombinierbar. Die Kombination verkörpert dann ein Maß.
Parallelendmaße verkörpern Längen.
Prüfstifte verkörpern auch Längen und werden oft zusammen mit Parallelendmaßen verwendet.
Winkelendmaße verkörpern Winkel.

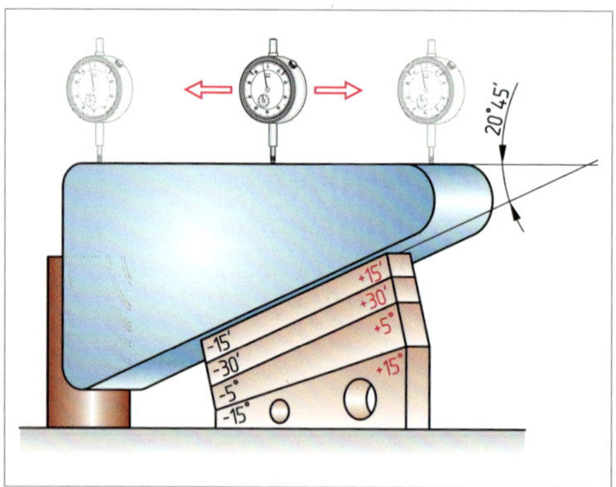

Winkelendmaße

Grenzlehren, Grenzlehrdorn, Grenzrachenlehre

Toleranzen geben erlaubte Größenabweichungen an.
Für Wellen und Bohrung gibt es ein System von Toleranzen.
Für die üblichen Toleranzen gibt es Grenzlehren.
Sie bestehen aus einer Gutlehre und einer Ausschusslehre.
Die Ausschussseite ist meist rot markiert.
Die Gutlehre muss passen.
Die Ausschusslehre darf nicht passen.
Ein Lehrdorn passt, wenn er ganz in das Werkstück eindringt.
Eine Grenzrachenlehre passt, wenn sie ganz über das Werkstück gleitet.
Die Lehren werden nicht gedrückt.
Zum Prüfen reicht das Eigengewicht der Lehren.
Bohrungen und Nuten werden mit Grenzlehrdornen geprüft.
Wellen und Dicken werden mit Grenzrachenlehren geprüft.
Innengewinde werden mit Gewindelehrdornen geprüft.
Außengewinde werden mit Gewindelehrringen geprüft.

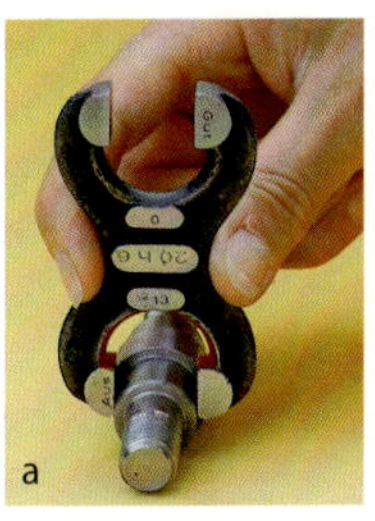

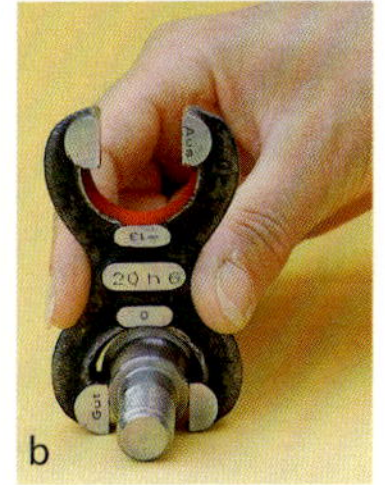

Bild a: Die Ausschussseite gleitet nicht über die Welle. Das Mindestmaß wird eingehalten.

Bild b: Die Gutseite gleitet über die Welle. Das Höchstmaß wird nicht überschritten.

Parallelendmaße

Parallelendmaße sind sehr genau.
Sie dienen oft zum Prüfen von Messgeräten.
Sie sind so glatt, dass sie aneinander haften.
Sie werden zu kombinierten Maßen aneinander gedrückt.
Sie müssen abends auseinander genommen werden.
Sie sind so glatt, dass sie sonst untrennbar werden können.
Sie werden mit Tüchern und Haltern gehalten.
Sie werden nicht mit den bloßen Fingern gehalten.
Sauberkeit ist hier sehr wichtig.
Mit Parallelendmaßen können Maße zusammengestellt werden.

Häufig sind das Sollmaße oder Nennmaße.
Ein Sollmaß ist das Maß, was Teile bekommen sollen.
Nennmaße sind die Maße, zu denen Toleranzen gehören.
Toleranzen geben die erlaubte Abweichung vom Nennmaß an.
Mit diesen Maßen können Vergleichsmessungen erfolgen.
Dazu wird mit dem zusammengestellten Maß das Messgerät genullt.
Nullen heißt auf Null stellen.
Beim Prüfen kann die Abweichung von dem Nennmaß am genullten Messgerät direkt abgelesen werden.

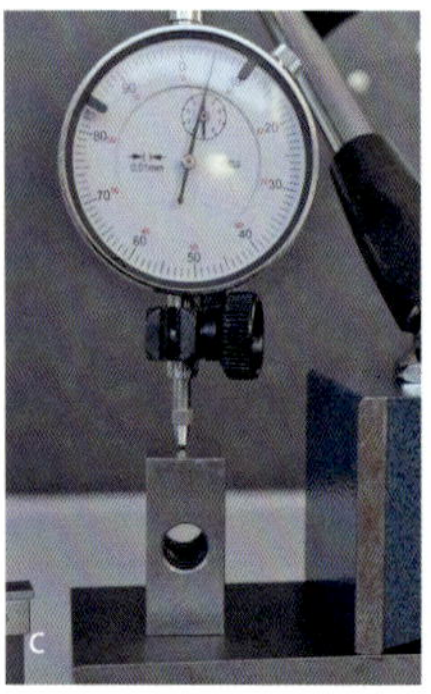

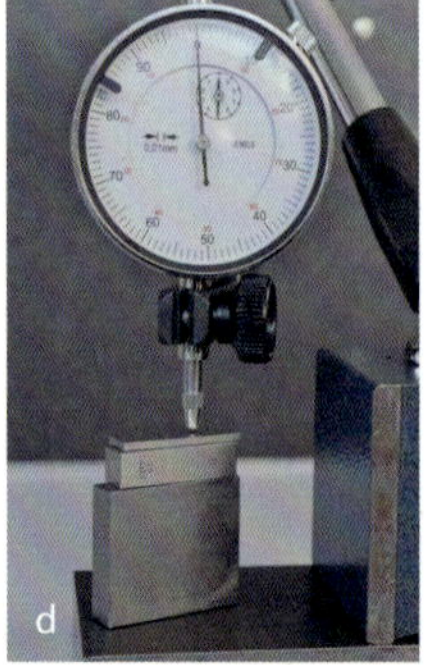

Bild c: Die schwarzen Fähnchen am Rand sind auf die maximalen Abweichungen eingestellt. Das Maß liegt innerhalb der Toleranz.

Bild d: Messgerät genullt

3.5. Toleranzen

3.5.1. Maßtoleranzen

Es gibt verschiedene Maße.
Das Istmaß wird gemessen.
Das Istmaß ist das Ergebnis eines Fertigungsschrittes.
Das Sollmaß wird verlangt.
Das Sollmaß steht in einer Zeichnung oder einem Auftrag.
Das Sollmaß besteht aus Nennmaß und Toleranz.
Die Toleranz wird oft durch Abmaße vom Nennmaß angegeben.
Hinter dem Nennmaß steht dann das obere Abmaß und das untere Abmaß.
Nennmaß und oberes Abmaß ergeben das Höchstmaß.
Nennmaß und unteres Abmaß ergeben das Mindestmaß.

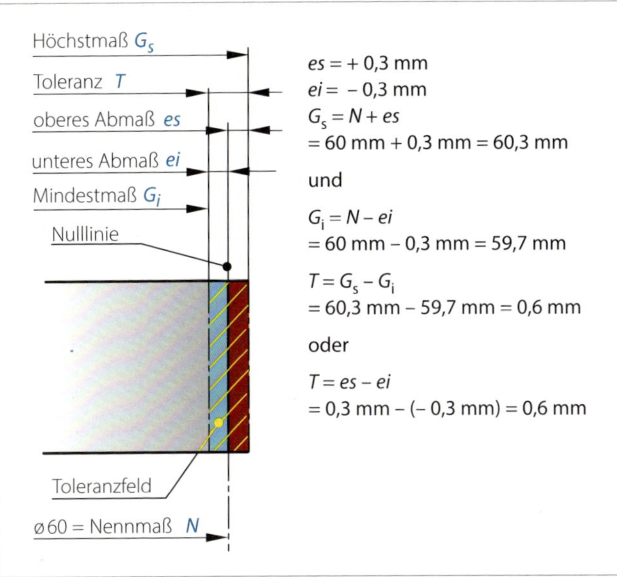

Grenzmaße, Abmaße, Maßtoleranzen

Die Größe der Toleranz richtet sich nach der Anwendung.
Das Nennmaß kann außerhalb vom Sollmaß sein.
Das Nennmaß liegt außerhalb vom Sollmaß, wenn beide Abmaße größer als Null sind.
Als Beispiel dienen hier Maße einer Nut-Feder-Verbindung:
Bei einem Nennmaß von 20 mm ist ein Mindestmaß von 20,1 mm typisch.
Ein Höchstmaß von 20,2 mm ist auch typisch. Das Nennmaß liegt dann unterhalb vom Sollmaß.

Das Nennmaß liegt auch außerhalb vom Sollmaß, wenn beide Abmaße kleiner als Null sind.
Ein Istmaß innerhalb der Toleranz ist Gut.
Ein Istmaß außerhalb der Toleranz ist Ausschuss.
Die Toleranz kann auch als Buchstabe und Zahl angegeben werden.

Die Zahl ist dann ein ISO[1]-Toleranzgrad.
Die Abkürzung ist IT.
ISO-Toleranzen stehen in Tabellenbüchern.
Die Zahl gibt dann eine Grundtoleranz an.
Eine kleine Zahl bedeutet eine kleine Grundtoleranz.
Die Grundtoleranz ist für unterschiedliche Grenzmaße verschieden.
Kleine Nennmaße haben kleinere Toleranzen als große Nennmaße.
Diese Zahlen werden mit Buchstaben kombiniert.
Die Buchstaben geben Grundabmaße an.
Große Buchstaben geben Grundabmaße für Bohrungen oder andere Innenmaße an.
Kleine Buchstaben geben Grundabmaße für Wellen, Passstifte oder andere Außenmaße an.
Als Beispiele werden Bohrungen und Wellen verwendet.
Aus Bohrung und Welle wird etwas gefügt. Sie werden verbunden.
Diese Verbindung nennen wir Passung.
Wenn die Welle kleiner als die Bohrung ist, dann bleibt ein Spalt.
Der Spalt heißt Spiel.
Ergeben Toleranzen immer ein Spiel, heißen sie Spielpassungen.
Wenn die Welle größer als die Bohrung ist, dann ergibt sich ein Übermaß.
Die Welle sitzt fest in der Bohrung. Die alte Bezeichnung war »Presspassung«. Oft wird zum Fügen eine Presse benötigt.
Ergeben Toleranzen immer ein Übermaß, heißen sie Übermaßpassungen.
Können Toleranzen ein Spiel oder ein Übermaß ergeben, heißen sie Übergangspassungen.
Grundabmaße mit den Buchstaben A, B, C, D, E, F, G, H ergeben mit den Grundabmaßen a, b, c, d, e, f, g, h Spielpassungen.
Das Spiel ist bei A / a am größten.
Grundabmaße mit den Buchstaben K, M, N, P, R, S, T, U, V, X, Y, Z, ZA, ZB, ZC ergeben mit den Buchstaben k, m, n, p, r, s, t, u, v, x, y, z, za, zb, zc Übermaßpassungen.
Das Übermaß ist bei ZC / zc am größten.
Bei anderen Buchstabenpaaren muss die Art der Passung ausgerechnet werden.
Für die häufigsten Passungen gibt es Tabellen.
Es gibt auch Apps und Rechenprogramme.

1 ISO ist die Internationale Standardisierungsorganisation. Nach ihr werden international geltende Normen benannt.

3.5.2. Untolerierte Maße

Maße in einer Zeichnung ohne Toleranzangaben heißen untolerierte Maße. Für diese Maße gilt die »Allgemeintoleranz m«.
Die »Allgemeintoleranz m« steht im Tabellenbuch.

3.6. Qualität

Qualität orientiert sich an den Erwartungen des Kunden.
Die Erwartungen des Kunden stehen großteils im Auftrag.
Das sind Maße, Farben und weitere Eigenschaften.
Die Erwartungen sind auch »übliche« Eigenschaften:
Die Produkte müssen den Gesetzen entsprechen.
Die Produkte müssen sicher sein.
Die Produkte müssen funktionieren.
Die Produkte müssen zum Liefertermin fertig sein.
Die Produkte müssen den Musterteilen entsprechen.

Musterteile müssen sorgfältig behandelt werden.
Produkte mit Fehlern dürfen nicht zum Kunden.

3.6.1. Fehlerarten

Es gibt verschiedene Arten Fehler.
Kritische Fehler führen zu Gefahren und weiteren schweren Schäden.
Hauptfehler führen zu weiteren Schäden oder zu fehlender Funktion.
Nebenfehler verringern den Wert des Produktes.

4. Fertigungsverfahren

Fertigung ist das Herstellen von Produkten.
Produkte bestehen aus Werkstoffen.
Ein anderes Wort für Werkstoff ist Material.
Fertigungsverfahren sind Methoden, Produkte herzustellen.
In der Metallverarbeitung gibt es wichtige Fertigungsverfahren.
In der Kunststoffverarbeitung gibt es vergleichbare Verfahren.
Verschiedene Fertigungsverfahren bilden Hauptgruppen.

Diese Hauptgruppen heißen:
- Urformen
- Umformen
- Trennen
- Fügen
- Beschichten
- Ändern der Stoffeigenschaften

4.1. Urformen

Urformen ist zum Beispiel:
Gießen, Spritzgießen, Sintern und Extrudieren.

Beim Urformen wird aus Werkstoff ohne Form ein Werkstoff mit Form.
Der Ausgangszustand ist ohne Form.
Der Ausgangszustand ist also formlos.
Der Werkstoff ist im Ausgangszustand gasförmig, flüssig, plastisch, pulvrig, granuliert (kleine Körner) oder ein gelöstes Salz.
Es können auch mehrere Stoffe sein.
Urformen macht aus losem Stoff verbundenen Werkstoff.
Es entsteht ein Zusammenhalt.

4.1.1. Gießen

Durch Gießen entstehen Gussteile.
Gießen erfordert Gussformen.
Das Gussteil entsteht in der Gussform.
Die Gussform ist dabei geschlossen.
Es gibt viele verschiedene Gussverfahren.
Zum Gießen muss der Werkstoff flüssig sein.
Manche Stoffe sind nicht sehr flüssig.
Sie sind bei der Verarbeitung plastisch.
Plastische Werkstoffe brauchen Druckgussverfahren.
Metalle werden durch Wärme verflüssigt.
Sie werden geschmolzen.
Auch Wachse und Thermoplaste werden geschmolzen.
Manche Kunststoffe liegen als flüssige oder plastische Ausgangsstoffe vor.
Sie verbinden sich erst in der Form zum fertigen Werkstoff.
Auch Gips wird erst in der Form zum fertigen Werkstoff.

Gips verbindet sich mit Wasser.
Auch Beton wird in der Form zum fertigen Werkstoff.
Er reagiert mit Wasser und Kohlendioxid.

Gussverfahren werden nach der verwendeten Form unterschieden.
Dauerformen werden mehrmals verwendet.
Verlorene Formen werden nur einmal verwendet.
Für die Herstellung der verlorenen Formen werden Modelle verwendet.
Modelle haben die gleiche Gestalt wie das Gussteil.
Das Modell hat eine etwas andere Größe als das Gussteil.
Metalle, Wachse und Thermoplaste kühlen beim Gießen stark ab.
Metalle, Wachse und Thermoplaste werden deshalb beim Guss kleiner.
Die Modelle und Formen sind deshalb größer.
Die Verkleinerung heißt Schwindung.
Schwindung kann auch durch chemische Reaktionen entstehen.
Gusseisen schwindet um ca. 1%.
Kupfer schwindet um fast 2%.
Bei Kunststoffen sind die Werte sehr verschieden. Besonders teilkristalline Thermoplaste schwinden oft sehr stark.
Es gibt zwei Arten von Modellen.
Modelle, die mehrmals verwendet werden, heißen Dauermodelle.
Modelle, die nur einmal verwendet werden können, heißen verlorene Modelle.
Ein sehr altes Gussverfahren für Metall ist das Wachsausschmelzverfahren.
Ein Modell aus Wachs wird hergestellt.
Dieses Modell wird mit Lehm, Sand oder Ton umhüllt.
Diese Form wird erhitzt.
Das geschmolzene Wachs fließt aus der Form.
Das geschmolzene Metall kann jetzt gegossen werden.
Dieses Verfahren findet so in der Kunst Anwendung.
Mit Spritzgussmaschinen können Wachsmodelle kostengünstig in großen Mengen erzeugt werden.
Wachsmodelle werden oft für Feinguss verwendet.
Die Modelle werden mehrmals in flüssige Keramik getaucht und getrocknet.
Die Modelle werden sehr genau abgebildet.
Modelle aus aufgeschäumten Kunststoffen verfliegen beim Gießen.
Modelle können auch im 3-D-Druck hergestellt werden.
»Sandguss« erfolgt immer noch mit Ton oder Sand.

Der Sand wird häufig mit Kunstharz gebunden.
Das Wort »Formsand« wird häufig durch das Wort »Formstoff« ersetzt.
Dauermodelle werden vor dem Guss aus der Form entnommen.
Die Form muss dazu aus mindestens zwei Teilen bestehen.
Häufig sind nach dem Guss die Kanten der Form zu erkennen.
Hohlräume im Guss werden durch Kerne erzeugt.
Die Kerne bestehen auch aus Formstoff.
Kerne werden in eigenen Kernkästen hergestellt.
Kerne werden in die Form eingesetzt.
Nach dem Guss wird die Form vorsichtig zerstört.
Der Formstoff kann wieder verwendet werden.

Metallguss erfolgt bei hohen Temperaturen.
Dauerformen für Metallguss müssen hohe Temperaturen aushalten.
Für Zinnguss reichen Silikonformen.
Für Aluminium, Messing, Zink und Bronze werden oft Stahlformen benutzt.

4.1.2. Typische Probleme bei Metallguss

Die Abkühlung des Metalls erfolgt von außen.
Die Abkühlung bewirkt eine Verkleinerung.
Diese Verkleinerung heißt Schwindung.
Das Metall schwindet also außen früher als innen.
Dadurch entstehen starke Spannungen.
Manchmal entstehen so auch Risse.
Manchmal entstehen Hohlräume im Metall.
Diese Hohlräume heißen Lunker.
Viele Metalle reagieren chemisch mit der Luft. Sie oxidieren.
Die Metalloxide können in den Guss geraten.
Von Sandformen können Stücke abbrechen.
Diese Stücke können in den Guss geraten.
Legierungen bestehen aus verschiedenen Stoffen.
Diese Stoffe haben verschiedene Dichten.
Stoffe mit hoher Dichte sinken ab.
Die Legierung wird ungleich.
Diese Ungleichmäßigkeit heißt Seigerung.

4.1.3. Spritzguss

Viele Kunststoffteile werden im Spritzguss gefertigt.
Spritzguss erfolgt bei hohem Druck.

Die Verarbeitungstemperatur unterschiedlicher Kunststoffe ist sehr verschieden.
Die Form muss die Verarbeitungstemperaturen aushalten.
Die Form muss den hohen Druck aushalten.
Das Spritzgussteil muss aus der Form entnommen werden können.
Die Form muss dazu geteilt sein.
Spritzgussformen sind meist aus Stahl.

4.1.4. Typische Probleme bei Spritzgussverfahren

Die Abkühlung des Kunststoffes erfolgt von außen.
Die Abkühlung bewirkt eine Verkleinerung, die Schwindung.
Der Kunststoff schwindet also außen schneller als innen.
Dadurch entstehen starke Spannungen.
Der Kunststoff kann sich verformen.
An dicken Stellen treten oft starke Schwindungen auf.
Diese Schwindungen bewirken typische Verformungen.
Sie heißen Einfallstellen.
Die Bewegungen bei hohem Druck können den Kunststoff schädigen.
Die hohen Temperaturen können den Kunststoff schädigen.
Oft ändert sich dabei die Farbe des Kunststoffes.
Es verringert sich die Festigkeit.
Diese Vorgänge heißen Degradieren.

4.1.5. Pressen

Pressen erfolgt auch in einer Form.
Es wird Pulver oder plastisches Material gepresst.
Durch Druck und Wärme wird das Pulver zu plastischem Material.
Das Material wird in eine offene Form gegeben.
Dies ist ein wichtiger Unterschied zum Spritzgießen.

4.1.6. Sintern

Ein weiteres Verfahren heißt Sintern.
Das Material liegt als Pulver vor.
Es wird in seine Form gepresst.
Das gepresste Material wird im Ofen erhitzt.

Die Schmelztemperatur gilt im Material.
Die Schmelztemperatur gilt also nur in den einzelnen Teilen des Pulvers.

Die äußeren Atome oder Moleküle im Pulver sind nicht von weiteren Atomen oder Molekülen umgeben.
Die äußeren Atome oder Moleküle haben dadurch einen niedrigeren Schmelzpunkt.
Die Temperatur im Ofen liegt etwas unter der Schmelztemperatur.
Diese äußeren Schichten verschweißen.
Die uralte Technik des Töpferns kann als Nasssintern verstanden werden.

4.2. Umformen

Umformen ist zum Beispiel:
Schmieden, Biegen, Tiefziehen und Walzen.

Umformen verändert die Form.
Der Werkstoff wird dauerhaft verformt.
Der Werkstoff bleibt auch ohne weitere Krafteinwirkung dauerhaft verformt.
Der Werkstoff wird also plastisch verformt.
Beim Umformen wird kein Stoff entfernt.
Beim Umformen wird kein Stoff hinzugefügt.
Die Menge des Stoffes bleibt also gleich.
Der Zusammenhalt bleibt.
Weiche Metalle lassen sich gut kalt umformen.
Weiche Metalle sind zum Beispiel Kupfer, Gold, Aluminium, Blei oder Stahl mit geringem Kohlenstoffgehalt.
Kunststoff wird meist warm umgeformt.

4.2.1. Umformen von Metall

Metall wird kalt oder warm umgeformt.
Beim Umformen wird Metall plastisch verformt. Die Verformung besteht dauerhaft. Eine elastische Verformung bleibt nicht dauerhaft bestehen.
Der elastische Bereich muss also überschritten werden.
In Metallen sind geordnete Bereiche. Diese geordneten Bereiche heißen Kristalle oder Korn.
Die Kristalle entstehen durch Anziehungskräfte im Metall.

Kristalle entstehen, weil die geordneten Bereiche weniger Energie haben.[2]
Es wird also beim Kristallisieren Energie frei.
Beim kalten Umformen werden Atome in den Kristallen etwas verschoben.
Es werden nicht alle Atome gleichzeitig verschoben.
An Stellen im Kristall mit kleinen Fehlern in der Ordnung beginnt die Verschiebung. Hier braucht die Verschiebung am wenigsten Energie.
Die Atome wandern beim Umformen nach und nach in eine andere Position, die auch eine geringe Energie hat. Diese Position ist also auch dauerhaft. Weiter können sie nicht wandern. Danach würde der Kristall anfangen zu reißen. Die Kristalle sind dann soweit wie möglich gestreckt.
Die Bruchdehnung ist erreicht.
Deshalb lassen sich die gestreckten Kristalle kaum weiter verformen.
Gestreckte Metalle sind fester als ungestreckte Metalle.
Da sie näher an der Bruchdehnung sind, sind sie aber auch spröder.
Wird ein Draht gezogen, fängt ein Bereich an, sich zu strecken.
Dieser Bereich wird länger und dünner.
Durch die Streckung wird dieser Bereich aber auch fester.
Wird der Draht weiter gezogen, vergrößert sich der Bereich.

Der dünnere Bereich reißt nicht, da er fester geworden ist.
Bei Erwärmung können die Atome wieder wandern.
In den Kristallen ordnen sich die Atome neu.
Der Draht kann weiter gezogen werden.
Dieses Verhalten erklärt die gute Umformbarkeit vieler Metalle.
Werden die Kristalle sehr gestreckt, können wir sie als Fasern betrachten.
Der Faserverlauf wirkt sich auf die Festigkeit aus.

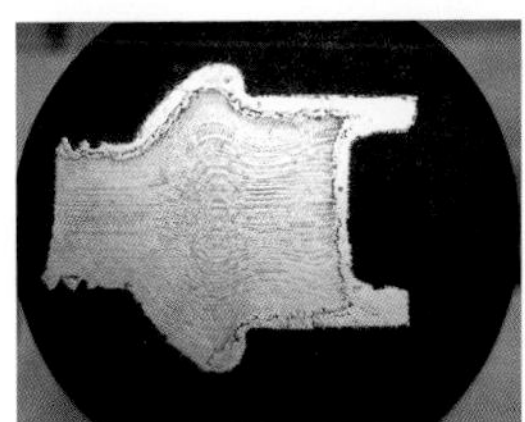

Faserverlauf

2 »Energie haben« heißt hier Energie abgeben können. Eine Kugel auf einem Berg hat Energie und gibt sie ab, wenn sie runter rollt. Gibt es mehrere Vertiefungen kann sie auch eine andere günstige Position finden als die unterste. Sie hat dann mehr Energie als in der untersten Vertiefung, liegt da aber trotzdem dauerhaft.

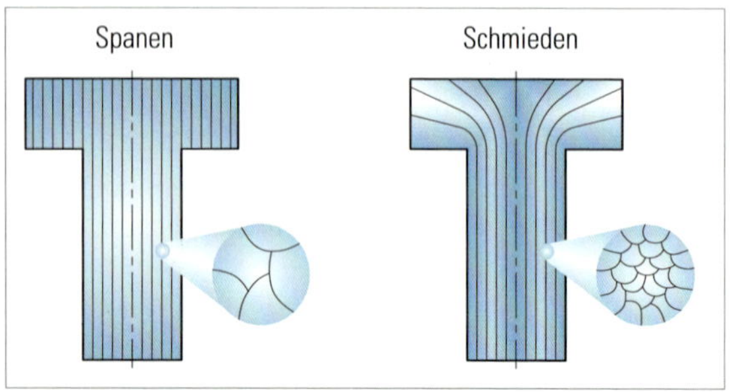

Faserverlauf beim Spanen und Schmieden

Schmieden ist ein warmes Umformen.
Der oft günstige Faserverlauf macht Schmiedeteile fest.
Freies Schmieden erfolgt mit Hammer und Amboss.
Der Amboss ist das unbewegliche Werkzeug.
Der Hammer ist das bewegliche Werkzeug.
Der Hammer wurde früher oft mit Wasserkraft betrieben.
Heute wird der Hammer oft elektrisch betrieben.
Ein geformtes Werkzeug heißt Gesenk.
Schmieden im Gesenk heißt Gesenkschmieden oder Gesenkformen.
Eindrücken ist ein ähnliches Verfahren.

4.3. Trennen

Trennen ist zum Beispiel:
Sägen, Bohren, Feilen, Scherschneiden, Fräsen, Stanzen und Abschrauben.

Beim Trennen ändert sich die Form.
Beim Trennen wird Werkstoff entfernt.
Beim Trennen wird der Zusammenhalt verringert.

4.3.1. Trennen ohne Span

Scherschneiden ist das häufigste Trennverfahren ohne Span.
Das Material wird vom Werkzeug gequetscht und dann abgerissen.
Dies ist sichtbar. Dadurch entstehen auf einer Seite oft scharfe Kanten.
Blechscheren und Stanzen durch Scherschneiden.

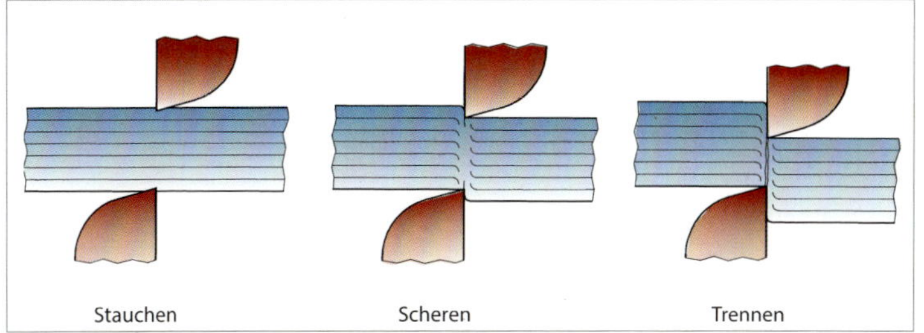

Phasen des Schneidvorganges

Scherschnitt durch ein 3 mm Blech

4.3.2. Zerspanen (Spanen)

Spanende Verfahren unterscheiden sich durch die Anordnung und Form der Schneidkeile.

4.3.3. Zerspanen mit geometrisch bestimmter Schneide

Die Form und die Winkel der Schneiden sind bekannt.

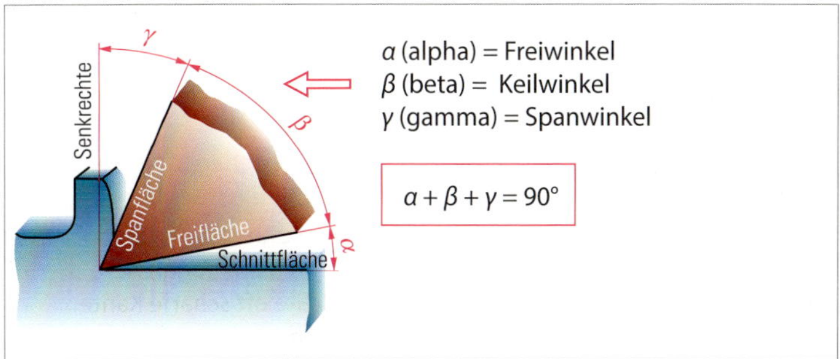

α (alpha) = Freiwinkel
β (beta) = Keilwinkel
γ (gamma) = Spanwinkel

$$\alpha + \beta + \gamma = 90°$$

Werkzeugwinkel an keilförmiger Werkzeugschneide

Zum Zerspanen mit geometrisch bestimmter Schneide zählt zum Beispiel Feilen, Sägen, Fräsen, Bohren und Drehen.

Der Schneidkeil trennt den Span oder die Späne ab.
Der Schneidkeil trennt Material und Span an der Schneidkante.
Die Schneidkante drückt in das Material.
Die Schneidkante staucht das Material also.
Der Span trennt sich vom Material und trifft auf die Spanfläche.
Das Material verformt sich an der Spanfläche.
Das übrige Material ist auf der Seite der Freifläche.
Der Winkel zwischen Material und Freifläche wird Freiwinkel genannt.
Er muss so groß sein, dass wenig Reibung entsteht.
Reibung führt zu Hitze.
Der Freiwinkel heißt α (alpha).
Er beträgt meistens zwischen 3° und 7°.
Bei hartem Material ist er klein.
Hartes Material ist wenig elastisch.
Es wird von der Schneidkante wenig verformt.
Weiches Material wird von der Schneidkante stark verformt.
Weiches Material braucht einen großen Freiwinkel.
Der Winkel des Schneidkeils heißt Keilwinkel.
Der Keilwinkel heißt β (beta). Er wird am Werkzeug gemessen.
Er muss so groß sein, dass die Schneidkante nicht bricht.
Der Spanwinkel heißt γ (gamma).
Der Spanwinkel wird in einem 90° Winkel zum Material gemessen.
Er wird also von der Senkrechten aus zum Material gemessen.
Deshalb kann der Spanwinkel negativ sein.
Liegt die Senkrechte im Schneidkeil, ist der Spanwinkel negativ.
Die Winkel ergeben zusammen 90°.

Der Vorgang am Schneidkeil wird bei positivem Spanwinkel meistens Schneiden genannt.
Der Keil hat also eine schneidende Wirkung. Es entstehen oft lange Späne.
Bei negativem Spanwinkel ist die Wirkung schabend oder reibend.
Es entstehen sehr kleine Späne.

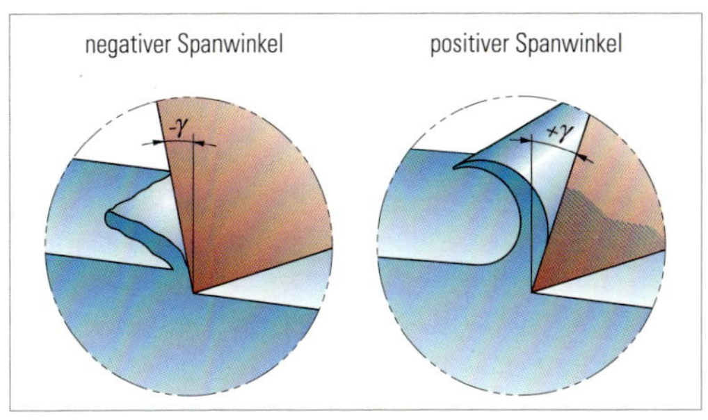

Spanwinkel

4.3.4. Zerspanen mit geometrisch unbestimmter Schneide

Hierzu zählen zum Beispiel Schleifen, Honen und Läppen.
Das typische Beispiel ist Schleifen.
Ein Schleifmittel enthält immer scharfkantige Schleifkörner.
Zusätzlich kann es verbunden sein. Dann enthält es einen Stoff der es verbindet, ein Bindemittel. Dies kann ein klebender Stoff, Keramik oder Metall sein.
Häufig ist das Schleifmittel auf einem Träger.
Ein Beispiel ist Schleifband.
Der Träger ist dann ein gewebter Stoff.
Der Träger ist also textil.
Das Bindemittel muss biegsam sein. Es ist meist ein Kunstharz.
Die Anordnung der Schleifkörner ist zufällig.
Schleifmittel bestehen oft aus Kristallen. Bei Kristallen ist der Keilwinkel oft bekannt.

Schleifscheiben bestehen aus einem Kern, den Schleifkörnern und dem Bindemittel.
Es gibt viele verschiedene Schleifscheiben.
Nicht jede Schleifscheibe ist für jedes Material geeignet.
Defekte Schleifscheiben müssen sofort entfernt werden.
Neue Schleifscheiben müssen zur verwendeten Maschine passen.
Die höchste Drehzahl der Maschine darf nicht höher als die erlaubte höchste Drehzahl der Scheibe sein.
Besonders für Schleifböcke gilt:
Schleifscheiben sind spröde. Sie sind empfindlich gegen Stöße.
Von defekten Schleifscheiben geht eine hohe Gefahr aus.
Vor dem Einbau muss die Schleifscheibe geprüft werden.

Sie darf keine Kerben oder Risse haben.
Eine Klangprobe hilft, defekte Scheiben zu erkennen.
Beim Einbau der Schleifscheibe muss auf Sauberkeit geachtet werden.
Die Schleifscheibe wird mit einer weichen Unterlage eingespannt. Die Unterlage besteht aus Pappe, Filz, Leder, Gummi oder Kunststoff.
Nach dem Einbau muss die Schleifscheibe eine Zeit lang zur Probe laufen.
Sie muss dabei gleichmäßig laufen.
Es darf kein großer Spalt zwischen Auflage und Schleifscheibe sein.
In einem Spalt kann sich Werkzeug verkeilen. Dann kann die Scheibe brechen.
Der Spalt sollte kleiner als 3 mm sein.

4.4. Fügen

Fügen ist zum Beispiel:
Schweißen, Löten, Kleben, Verschrauben, Einpressen und Nieten.

Beim Fügen wird der Zusammenhalt erhöht.
Ein anderes Wort für Fügen ist Verbinden.
Es gibt lösbare Verbindungen.
Lösbare Verbindungen können ohne Beschädigung aller Teile getrennt werden.
Es gibt unlösbare Verbindungen.
Unlösbare Verbindungen können nicht ohne Beschädigung der Teile oder der Verbindungsstoffe getrennt werden.
Verbindungen werden nach lösbar / unlösbar unterschieden:
Schraubverbindungen sind lösbar.
Magnetverbindungen sind lösbar.
Stiftverbindungen sind lösbar.
Clipse sind teilweise lösbar.
Klebeverbindungen sind nicht lösbar.
Lötverbindungen sind nicht lösbar.
Schweißverbindungen sind nicht lösbar.

Bauteile werden verbunden.
Es gibt viele Anforderungen an die Verbindung.
Einige Anforderungen widersprechen sich.
Einige Anforderungen gelten nur manchmal.

Die Verbindung soll ausreichend fest sein.
Die Verbindung soll kostengünstig sein.
Sie soll vielleicht lösbar sein.
Sie soll vielleicht gasdicht sein.
Sie soll vielleicht Vibrationen aushalten.
Sie soll vielleicht verstellbar sein.
Sie soll vielleicht automatisch herstellbar sein.
Sie soll vielleicht unauffällig sein.
Sie soll vielleicht wenig Gewicht haben.
Sie soll vielleicht gut überprüfbar sein.
Sie soll vielleicht ein spezielles Aussehen haben.

Der Zusammenhalt einer Verbindung wird auch Schluss genannt.
Verbindungen werden nach diesem Zusammenhalt unterschieden.
Hier in diesem Text werden drei Schlüsse unterschieden:
Formschluss, Stoffschluss und Kraftschluss.

4.4.1. Formschluss

Die Form schafft den Zusammenhalt.
Stiftverbindungen, Nut und Passfeder, Clips, Bajonettverschlüsse und Verriegelungen sind formschlüssig.

4.4.2. Stoffschluss

Der Stoff schafft den Zusammenhalt.
Schweißverbindungen, Lötverbindungen und Klebeverbindungen sind stoffschlüssig.

4.4.3. Kraftschluss

Die Kraft ist Reibung.
Einpressungen, Einschrumpfen, Klemmverbindungen und Schraubverbindungen sind kraftschlüssig.
Schraubverbindungen halten nicht durch die Form der Teile.
Schraubenverbindungen halten durch die Reibung zwischen den Teilen, die von der Schraube zusammengedrückt werden.

Schraubenverbindung	Stiftverbindung	Schweißverbindung
F_N, F, F_R, F_R, F, F_N	F, F	F, F
Kraftschlüssige Verbindungen Die Berührflächen der Teile übertragen äußere Kräfte F durch Reibkräfte F_R.	**Formschlüssige Verbindungen** ▪ Zusatzelemente (Stift, Splint, Niet) verbinden aufgrund ihrer Form. ▪ Teile (Maulschlüssel, Zahnräder) greifen ineinander.	**Stoffschlüssige Verbindungen** Zusatzwerkstoffe haften an der Oberfläche der Teile oder verbinden sich mit deren Grundwerkstoff

Kraft-, form- und stoffschlüssige Verbindungen

4.5. Beschichten

Beschichten ist zum Beispiel:
Lackieren, Galvanisieren, Bedampfen und Emaillieren.

Ein formloser Stoff kommt hinzu.
Er bildet eine Schicht.
Eine Beschichtung erfolgt auf der Oberfläche.
Beschichtungen können verschiedene Aufgaben haben.
Beschichtungen können als Korrosionsschutz dienen.
Korrosion ist das Oxidieren von Metallen.
Ein Beispiel ist das Rosten von Eisen. Dagegen hilft eine Schicht aus Zink.
Beschichtungen können dem Aussehen dienen. Diese Beschichtung wird oft Dekorschicht genannt. Ein Beispiel sind Farblacke.
Beschichtung können als Sperrschicht dienen.
Ein Beispiel ist die Metallschicht in der Kaffeeverpackung.
Sie verhindert das Entweichen der Aromen.
Beschichtungen können neue Funktionen ermöglichen.

Ein Beispiel ist die PTFE[3]-Schicht in der »Teflonpfanne«.
Sie ermöglicht es, in einer Aluminiumpfanne ohne Fett zu braten.
Beschichtungen können weitere Funktionen haben.

4.6. Ändern der Stoffeigenschaften

Ändern der Stoffeigenschaften ist zum Beispiel:
Härten, Tempern, Normalglühen, Aufkohlen und Konditionieren.

Beim Ändern der Stoffeigenschaften wird die innere Struktur des Materials verändert.
Die bekannteste Änderung von Stoffeigenschaften ist das Härten von Stahl.
Der Stahl braucht dazu einen geeigneten Kohlenstoffgehalt.
Ein Kohlenstoffgehalt zwischen 0,3 % und 0,8 % ist für das Härten gut geeignet.
Der Stahl wird durch Erhitzen auf über 700 °C und schnelles Abkühlen hart und spröde.
Durch weiteres Erwärmen auf ca. 200 °C wird er weniger spröde.
Die nötigen Temperaturen richten sich nach der Stahlsorte.
Durch Erhitzen und langsames Abkühlen wird der Stahl wieder weich.
Deshalb heißt dieser Vorgang Weichglühen.
Stahl wird auch durch Strecken hart. Er wird durch Weichglühen auch wieder weich.
Erklärbar wird der Vorgang des Härtens und Weichglühens durch die Kristalle. Sind Kristalle unter Spannung, werden sie hart.
Beim Strecken entsteht die Spannung mechanisch durch Verformung.
Beim Härten dadurch, dass Eisen-Kohlenstoff-Kristalle bei hohen Temperaturen einen anderen Aufbau haben als bei niedrigen Temperaturen. Sie haben dann verschiedene Kristallstrukturen.
Das schnelle Abkühlen verhindert den Wechsel der Struktur.
Das führt zu verspannten Kristallen.
Bei Kunststoffen treten in der Produktion auch oft hohe Spannungen durch Schwindung auf.
Der Spannungsabbau durch eine Wärmebehandlung heißt Tempern.

3 Polytetrafluorethylen, ein unpolarer Kunststoff, der bis ca. 250 °C verwendbar ist.

5. Chemische Grundlagen

Alle Dinge bestehen aus etwas.
Dieses »Etwas« wird Materie oder Stoff genannt.
Oft lässt sich diese Materie weiter aufspalten.
Dieses Aufspalten kann durch Zerkleinern, Hitze, Strom, Licht oder anderes erfolgen. Methoden der Atomphysik werden hier nicht betrachtet.
Irgendwann lässt sich die Materie nicht weiter aufspalten. Die kleinsten Teile aus Materie heißen Atome.
Auch Atome lassen sich teilweise spalten. Atomspaltung gehört zur Atomphysik. Einige Dinge in der Chemie erklären sich aus dem Aufbau der Atome.
Atome bestehe aus Protonen, Neutronen und Elektronen.
Die Atome haben verschiedene Eigenschaften.
Die Anzahl der Elektronen bewirkt die chemischen Eigenschaften.
Atome mit gleichen chemischen Eigenschaften heißen Elemente. Es gibt 118 verschiedene Elemente.[4]
Einige davon sind künstlich erzeugt. In der Natur kommen deutlich weniger Elemente in verwertbaren Mengen vor.
Die Elemente lassen sich nach ihren Eigenschaften sortieren. Da die Anzahl der Elektronen ihre chemischen Eigenschaften bewirkt, werden sie dadurch unterschieden.
Die Anzahl der Elektronen ist gleich mit der Protonenzahl.
Im Periodensystem der Elemente sind sie nach der Protonenzahl/ Elektronenzahl sortiert.
Atome und Elemente sind schwer vorstellbar.
Sie werden mit Modellen beschrieben.
Es gibt einfache und komplizierte Modelle.
Das jeweils einfachste funktionierende Modell wird verwendet.
Viele Atome bilden Verbindungen.
Wichtige Verbindungsarten sind Metallbindungen, Ionenbindungen (Salze) und Molekülbindungen.

---

4 Mehr waren beim Schreiben des Textes nicht bekannt, aber ich nehme an, dass auch nicht mehr entdeckt werden.

Helium, Neon, Argon, Krypton, Xenon und Radon reagieren chemisch nicht.[5] Es sind Edelgase.
Edelgase haben also einen besonderen Zustand.
Da chemische Eigenschaften von der Anzahl der Elektronen abhängig sind, muss das der Grund sein.
Die Edelgase haben eine besonders günstige Anzahl von Elektronen.
Diese Anzahl »wollen« alle anderen Elemente auch erreichen. Wird diese Anzahl erreicht, heißt das »Edelgaszustand«.
Der Edelgaszustand ist das Ziel vieler chemischer Reaktionen.

5.1. Metallbindung

Metalle leiten elektrischen Strom. Sie sind also leitfähig.
Fast alle Nichtmetalle leiten keinen Strom. Nur Kohlenstoff leitet Strom, wenn er nicht als Diamant vorliegt. Kohlenstoff zählt aber zu den Nichtmetallen.
Halbmetalle leiten unter speziellen Bedingungen Strom.
Wenn Strom fließt, wird elektrische Ladung bewegt.
Elektronen tragen die elektrische Ladung in Metallen.
Metalle haben also frei bewegliche Elektronen.
Diese beweglichen Elektronen werden auch als Elektronenwolke bezeichnet.
Metall kann Ionenbindungen eingehen. Dann ist es nicht mehr als Metall erkennbar. Wenn das Metall als Metall erkennbar ist, liegt eine Metallbindung vor.

5.2. Ionenbindung

Metalle können Elektronen abgeben.
Hat ein Stoff Elektronen aufgenommen oder abgegeben, heißt er »Ion«.
Reagieren Metalle chemisch mit Nichtmetallen, geben sie fast immer Elektronen ab.
Sie geben oft so viele Elektronen ab, dass sie den Edelgaszustand erreichen.

5 Es gibt auch hier Ausnahmen. Reaktionen finden aber nur unter sehr speziellen Bedingungen statt. Die Verbindungen sind nicht stabil.

Elektronen sind die Grundbausteine negativer Ladungen.
Fehlende Elektronen ergeben positive Ladungen.
Abgabe von negativer Ladung (-) ergibt also positive Ladung (+).
Metallionen sind positiv geladen.
Positiv geladene Ionen heißen Kationen.
Wenn Metalle mit Nichtmetallen reagieren, entstehen aus den Metallatomen also Kationen. Die Nichtmetalle nehmen bei der Reaktion die Elektronen auf. Nichtmetalle sind dann negativ geladen.
Negativ geladene Ionen heißen Anionen.
Die Nichtmetalle nehmen dann meist so viele Elektronen auf, dass sie auch den Edelgaszustand erreichen.
Lithium (Li), Natrium (Na) und Kalium (K) werden Alkalimetalle genannt. Sie geben ein Elektron ab, um den Edelgaszustand zu erreichen. Sie sind nah am Edelgaszustand. Das erklärt ihre sehr starken Reaktionen. Sie reagieren z. B. heftig bei Kontakt mit Wasser.
Magnesium (Mg) und Calcium (Ca) werden Erdalkalimetalle genannt. Sie geben zwei Elektronen ab, um den Edelgaszustand zu erreichen.
Erdalkalimetalle sind nicht so nah am Edelgaszustand. Ihre Reaktionen sind etwas schwächer.
Fluor (F), Chlor (Cl), Brom (Br) und Jod (I) werden Halogene genannt. Sie sind sehr nah am Edelgaszustand. Sie müssen dazu ein Elektron aufnehmen.
Sie reagieren sehr stark.
Natrium (Na) mit Chlor (Cl) ergibt so Natriumchlorid (NaCl). Da es eine Ionenbindung ist, kann auch die Ladung mit angegeben werden ($Na^{1+}Cl^{1-}$ oder einfach $Na^{+}Cl^{-}$).
Ionenbindungen werden auch als Salze bezeichnet.
NaCl ist das bekannteste Salz, das Kochsalz.
Da Calcium zwei Elektronen abgibt und Chlor ein Elektron aufnimmt, reagiert es mit Chlor zu Calciumchlorid ($CaCl_2$ oder $Ca^{2+}Cl_2^{-}$).
Bei manchen Metallen können verschiedene Anzahlen an Elektronen abgegeben werden. Eisen reagiert zu Fe^{2-} oder Fe^{3-}.
Zusammen ergeben Kationen und Anionen Ionenbindungen oder Salze.
Nicht alle Salze sind wasserlöslich.

Metalle werden meist aus Salzen gewonnen. Diese Salze werden Erz genannt.

5.3. Molekülbindung

Auch Nichtmetalle reagieren miteinander.
Sie versuchen, den Edelgaszustand zu erreichen.
Dieser wird nicht bei allen Verbindungen erreicht und ist nur ein Modell.
Dazu teilen sie Elektronen miteinander.
Die beteiligten Elektronen werden also bei beiden Atomen mitgezählt.
Die geteilten Elektronen sind die Molekülbindung.
Kohlenstoff (C) braucht z. B. vier Elektronen bis zum Edelgaszustand.
Wasserstoff (H) braucht ein Elektron.
Kohlenstoff und Wasserstoff reagieren also zu CH_4, Methan.
Die Anzahl der beteiligten Bindungen mit Wasserstoff gibt die Wertigkeit von Elementen an.[6]
Kohlenstoff ist vierwertig.
Ein Sauerstoffatom reagiert mit zwei Wasserstoffatomen zu Wasser, also H_2O. Sauerstoff ist also zweiwertig.
Kohlenstoff und Sauerstoff reagieren also typischerweise zu CO_2, da Kohlenstoff vierwertig ist und Sauerstoff zweiwertig. Da zwei Bindungen zum Sauerstoff bestehen, sind es Doppelbindungen. Viele Molekülbindungen lassen sich über die Wertigkeit voraussagen.

5.3.1. Kohlenstoff

Kohlenstoff sollte auch mit Kohlenstoff so reagieren, dass alle vier Bindungsarme besetzt sind. Er reagiert so unter hohem Druck. Dann liegt Kohlenstoff auch als Diamant vor.
Die Kohlenstoffatome liegen im Diamant eng beieinander und sind alle durch Molekülbindung verbunden.
Ein Diamant ist also ein einziges zusammenhängendes Molekül.
Das erklärt auch seine hohe Festigkeit.
Meist liegt reiner Kohlenstoff aber als Grafit vor.
Nur drei Bindungsarme sind besetzt.
Bei Grafit ist immer ein Elektron ohne Bindung. Dadurch kommt es zur elektrischen Leitfähigkeit von Grafit und auch von Ruß.
Die Kohlenstoffatome bilden ein Wabenmuster. Es entstehen dadurch zusammenhängende Schichten.
Diese Schichten lassen sich bis auf eine Atomdicke aufspalten (Graphen).

---

6 Dies ist eine vereinfachte Definition der Wertigkeit, sie reicht aber für viele Zwecke.

5.3.2. Polarität

In manchen Molekülbindungen können sich die Elektronen unterschiedlich verteilen. Hier hat die Form und Gestalt des Moleküls einen Einfluss. Durch die Verteilung der Elektronen kann ein Ladungsschwerpunkt entstehen. Ein Ladungsschwerpunkt wird auch Pol genant. Wo viele Elektronen sind, ist ein negativer Ladungsschwerpunkt oder Pol (-). Wo wenige Elektronen sind, ist ein positiver Ladungsschwerpunkt oder Pol (+). Dadurch entstehen Anziehungskräfte. Polare Stoffe mischen sich mit polaren Stoffen gut. Unpolare Stoffe mischen sich mit unpolaren Stoffen gut.
Die meisten Klebstoffe und Lacke funktionieren nur bei ausreichender Polarität. Die Polarität gibt die Kräfte für die Haftung.
Tenside und Emulgatoren sind große Moleküle mit einem polaren und einem unpolaren Bereich. Sie helfen, polare Stoffe mit unpolaren zu mischen. Wasser ist sehr polar. Öl ist unpolar. Eine Reinigungswirkung von Wasser ist bei öligen Verschmutzungen nur durch Tenside oder Emulgatoren möglich. Spülmittel, Waschmittel und Handseifen enthalten Tenside.

5.3.3. Katalysatoren

Katalysatoren ermöglichen chemische Reaktionen bei niedrigen Temperaturen und niedrigem Druck. Viele Vorgänge in der Chemie brauchen Katalysatoren. Im Auto verbrennen Rückstände vom Benzin noch im Auspuff dank Katalysatoren. Normal würde die Temperatur im Auspuff nicht reichen.
In der Biologie werden Katalysatoren Enzyme genannt. Enzyme sind also Biokatalysatoren. So verbrennt unser Körper z. B. Zucker bei recht niedrigen Temperaturen.

6. Unterteilung der Werkstoffe

Werkstoffe werden in Gruppen unterteilt.
Die erste Unterteilung ist: Metalle und Nichtmetalle
Metalle werden in Eisenmetalle und Nichteisenmetalle unterteilt
Eisenmetalle mit unter 2,06 % Kohlenstoffgehalt werden als Stahl bezeichnet.
Eisenmetalle mit über 2,06 % Kohlenstoff werden als Gusseisen bezeichnet.

Nichteisenmetalle (NE-Metalle) werden in Leichtmetalle und Schwermetalle unterteilt.
NE-Metalle mit einer Dichte unter 5 $\frac{kg}{dm^3}$ sind Leichtmetalle.

NE-Metalle mit einer Dichte über 5 $\frac{kg}{dm^3}$ sind Schwermetalle.[7]

Nichtmetalle werden in Naturstoffe, künstliche Stoffe und Verbundmaterialien unterteilt.
Es gibt auch noch Halbmetalle. Das bekannteste ist Silizium.
Halbmetalle haben als Werkstoffe in der Elektronik Bedeutung.

6.1. Metalle

Metalle leiten Strom.
Halbmetalle leiten unter speziellen Bedingungen Strom.
Metalle leiten Strom, weil sie frei bewegliche Elektronen haben.
Diese Elektronen bewirken auch den metallischen Glanz.
Diese Elektronen tragen auch zur Wärmeleitfähigkeit bei.

6.1.1. Eisenmetalle

Eisen reagiert mit Wasser zu Rost.
In der Natur ist meistens Wasser.
Eisen kommt deshalb nur sehr selten als Metall in der Natur vor.
In Wüsten findet sich selten metallisches Eisen. Es stammt von Meteoriten.
Eisen wird deshalb aus Eisenerz hergestellt.

Eisenerz

7 Eine Dichte von 5 $\frac{kg}{dm^3}$ ist gleich einer Dichte von 5 $\frac{g}{cm^3}$ oder 5 $\frac{mg}{mm^3}$ oder 5 $\frac{t}{m^3}$.

Eisenerz ist etwas ähnliches wie Rost in weiterem Gestein.
Eisenerz besteht aus chemischen Verbindungen von Eisen, Sauerstoff und Wasser.
Eine Verbindung mit Sauerstoff heißt Oxid.
Eine Verbindung mit Wasser und Sauerstoff heißt Hydroxid.
Eisenerz ist also hauptsächlich Eisenoxid und Eisenhydroxid.
Die Herstellung von Eisen aus Eisenerz heißt Verhüttung.
Sie wurde ungefähr 800 vor Christi Geburt, wahrscheinlich in Kleinasien erfunden. Kleinasien liegt in der heutigen Türkei.
Vorher waren Eisengegenstände extrem selten.
Die Verhüttung erfolgt mit Kohle.[8]
Die Verhüttung erfolgt heute meist im Hochofen.
Geeignet sind gereinigte Kohle oder Holzkohle.
Gereinigte Kohle heißt Kokskohle.
Sie besteht fast nur aus Kohlenstoff.
Kohlenstoff verbindet sich stärker mit Sauerstoff als Eisen.
Der Kohlenstoff reagiert mit dem Sauerstoff aus dem Eisenerz.
Der Kohlenstoff wird oxidiert.
Das Eisen gibt also seinen Sauerstoff an die Kohle ab.
Das Eisen wird reduziert. Reduzieren ist also das genaue Gegenteil von Oxidieren. Wenn beides gleichzeitig passiert, ist es eine Redoxreaktion.
Durch die Hitze wird die Verbindung zum Wasser vorher gelöst.
Das chemische Kurzzeichen für Eisen ist Fe.
Das chemische Kurzzeichen für Kohlenstoff ist C.
Das chemische Kurzzeichen für Sauerstoff ist O.
Die chemische Formel ist sehr vereinfacht: $2FeO + C \Rightarrow 2Fe + CO_2$
Durch die Verhüttung befindet sich Kohlenstoff im Roheisen.
Der Kohlenstoffgehalt des Gusseisens oder Stahls hat starke Auswirkungen auf die Materialeigenschaften.
Eisen lässt sich sehr gut recyceln.
Ein großer Anteil des neuen Eisens wird aus altem Eisen hergestellt.
Das Roheisen wird gereinigt und der Kohlenstoffgehalt eingestellt.
Es wird zu Gusseisen oder Qualitätsstahl.
Edelstahl ist ein weiterer gereinigter Stahl mit sehr genau bekannten Bestandteilen.
Edelstähle mit mehr als 10,5 % Chrom sind rostfrei.
Es gibt auch Edelstähle, die rosten können.

8 Es ist auch möglich, Eisen mit Wasserstoff zu verhütten.

6.1.2. Auswirkung des Kohlenstoffes auf den Stahl

Etwas Kohlenstoff (C) kann in Eisenkristalle eingebaut werden.
Von 0 % bis zu 2,06 % Kohlenstoffgehalt steigt die Festigkeit des Stahls mit dem Kohlenstoffgehalt.
Die Umformbarkeit sinkt mit steigendem Kohlenstoffgehalt.
Stähle mit einem Kohlenstoffgehalt von ungefähr 0,3 % bis 0,8 % sind härtbar.
Bei einem Kohlenstoffgehalt über 2,06 % handelt es sich um Gusseisen und nicht um Stahl. Etwas Kohlenstoff befindet sich außerhalb der Eisenkristalle. Gusseisen ist deshalb spröde.

6.1.3. Namen für verschiedene Stahlsorten

Stahlsorten werden auf zwei Arten benannt.
Stähle für bestimmte Anwendungen haben einen Kennbuchstaben und wichtige Eigenschaften im Namen.
Andere Stähle sind nach ihren Inhaltsstoffen benannt.

6.1.4. Wichtige Begriffe für die Benennung

Querschnittsfläche

Quer zur Kraftrichtung liegt die Querschnittsfläche. Sie ist die Fläche, die sichtbar wird, wenn ein Gegenstand quer (rechtwinklig) zur Kraftrichtung geschnitten wird.

Zugkraft

Kraft in Zugrichtung.

Streckgrenze

Das Formelzeichen der Streckgrenze ist R_e.
Die Streckgrenze ist eine Zugkraft bezogen auf die Querschnittsfläche.

Ihre Einheit ist Newton geteilt durch Quadratmillimeter , also $\frac{N}{mm^2}$.

Bis zur Streckgrenze verformt sich das Material nicht dauerhaft.
Bis zur Streckgrenze verhält sich das Material also elastisch.

Zugfestigkeit

Das Formelzeichen der Zugfestigkeit ist R_m.
Die Zugfestigkeit ist eine Zugkraft bezogen auf die Querschnittsfläche.

Die Einheit ist Newton geteilt durch Quadratmillimeter, also $\frac{N}{mm^2}$.

Die Zugfestigkeit ist die Kraft, die als Zugkraft auf einen Querschnitt wirken kann, ohne dass das Material zerreißt. Es ist also die maximale Festigkeit.

Bruchdehnung

Das Formelzeichen der Bruchdehnung ist *A*.
Die Bruchdehnung wird in Prozent (%) angegeben.
Durch eine Zugbelastung wird das Material länger.
Durch eine Zugbelastung über die Streckgrenze hinaus wird das Material auf Dauer länger. Es wird plastisch verformt.
Bei Überschreiten der Zugfestigkeit bricht das Material.
Die Bruchdehnung gibt an, um wie viel länger das Material nach dem Bruch ist.

Kerbschlagarbeit, Kerbschlagversuch

Die Kerbschlagarbeit ist ein Maß für die Zähigkeit eines Materials.
Die Belastung wird durch eine Bewegung erzeugt.
Die Belastung tritt als Schlag auf.
Eine Masse schlägt auf das Material. Das Material hat eine Kerbe.
Das Material verformt sich. Das Material kann brechen.
Es nimmt dabei Energie auf. Energie entspricht Arbeit.
Die Einheit für Arbeit ist Joule (J).
Die aufgenommene Energie ist vom Versuchsaufbau abhängig.
Die Kerbschlagarbeit wird nach einem festen Versuchsaufbau ermittelt.
Meistens wird der Versuchsaufbau nach Charpy verwendet.
Die Zähigkeit ist stark temperaturabhängig.
Das Gegenteil von zäh ist spröde.
Kalte Materialien sind spröde.
Die Kerbschlagarbeit ist also temperaturabhängig.
Bei vielen Materialien ändert sich die Zähigkeit bei veränderter Temperatur plötzlich. Der Kerbschlagversuch dient auch zur Ermittlung dieser Temperatur.

6.1.5. Stahlsorten

Die Legierungsbezeichnung beginnt mit EN für »Europäische Norm«.
Viele Stahlsorten werden nach ihren Eigenschaften bezeichnet.

Baustähle

Die Bezeichnung besteht aus dem Kennbuchstaben »S« für Baustähle, der Streckgrenze in Newton pro Quadratmillimeter und Zusatzsymbolen.
Das wichtigste Zusatzsymbol dabei ist die Angabe der Kerbschlagarbeit nach Charpy.
Der vorne stehende Buchstabe gibt die Kerbschlagarbeit an.
J = 27 Joule, K = 40 Joule und L = 60 Joule
Der zweite Buchstabe oder eine Zahl gibt die Temperatur an.
R = Raumtemperatur (20 °C); 0 = 0 °C; 2 = -20 °C; 4 = -40 °C und 6 = -60 °C

S235JR ist also ein Baustahl mit 235 $\frac{N}{mm^2}$ Streckgrenze und

einer Kerbschlagarbeit von 27 Joule bei 20 °C.
S235JR ist ein sehr häufiger Stahl.
S235JR ist gut schweißbar.
S235JR lässt sich gut biegen.

Weitere Buchstaben geben weitere Eigenschaften an. Sie sind entsprechenden Tabellen zu entnehmen.
Es gibt eine schwierige Unterscheidung:
S235JRC ist nicht gleich S235JR +C.
S235JRC ist besonders gut kalt umformbar.
S235JR +C ist kalt gezogen, hat also eine maßhaltige, leicht glänzende Oberfläche.

Stähle für den Maschinenbau

Stähle für den Maschinenbau haben den Kennbuchstaben »E«.
Das Bezeichnungssystem nach dem »E« ist wie bei den Baustählen.

Flacherzeugnisse zum Kaltumformen

Flacherzeugnisse zum Kaltumformen haben den Kennbuchstaben »D«.
Flacherzeugnisse zum Kaltumformen werden meist »Blech« genannt.
Nicht alle Bleche sind gut kaltumformbar.
Flacherzeugnisse zum Kaltumformen werden meist kaltgewalzt geliefert und sind dann mit DC bezeichnet.

Warmgewalzte Bleche bekommen die Bezeichnung DD.
Sie bekommen eine Nummer, z. B. DC 01 und einen Buchstaben, der die Oberflächenqualität bezeichnet.
DC 01 A ist ein Flacherzeugnis zum Kaltumformen aus Stahl, kaltgewalzt.
Die Blechsorte mit der Nummer 01 ist eine häufig gebrauchte Blechsorte.
Es gibt auch weitere Nummern.
Das »A« ist der Kennbuchstabe für Blech mit einer einfachen lackierbaren Oberfläche.

6.1.6. Stähle, bezeichnet nach chemischer Zusammensetzung

Kohlenstoffstahl

Diese Bezeichnung ist üblich, aber nicht sehr sinnvoll.
Einen besonders starken Einfluss auf den Stahl hat der Kohlenstoff.
Der Kohlenstoffgehalt ist immer mit der ersten Zahl in der Bezeichnung dieser Stähle erkennbar. Die erste Zahl wird durch hundert geteilt und gibt dann den Kohlenstoffgehalt in Prozent an.
Den Kennbuchstaben »C« haben unlegierte Stähle mit weniger als 1 % Mangan.
Mangan ist ein Metall.
Mangan ist sehr häufig in Eisen mit enthalten. Viele Stähle enthalten Mangan, ohne dass es gezielt zugegeben wurde. Es wird deshalb nicht immer zu den Legierungsbestandteilen gezählt.
C45 ist zum Beispiel ein unlegierter Stahl mit 0,45 % Kohlenstoff.

Folgende Stähle haben keinen Kennbuchstaben:
Unlegierte Stähle mit einem Mangangehalt über 1 %,
Legierte Stähle mit weniger als 5 % von jedem Legierungsbestandteil und Automatenstähle.
Bei ihnen liegen Legierungsbestandteile in kleinen Mengen vor.
Damit keine Zahlen mit Komma geschrieben werden müssen, gibt es jeweils Teiler für die Zahlen in der Bezeichnung.
Diese Teiler werden in Tabellen oft Faktoren genannt.

Der Teiler für Cr, Co, Mn, Ni, Si und W ist 4.
Der Teiler für Al, Be, Cu, Mo, Nb, Pb, Ta, Ti, V und Zr ist 10.
Der Teiler für C, Ce, N, P und S ist 100.
Der Teiler für B ist 1000.

Vor den chemischen Kürzeln für die Legierungsbestandteile steht die Zahl für den Kohlenstoffgehalt.
Die erste Zahl hinter den chemischen Kürzeln bezieht sich auf den ersten Legierungsbestandteil und so weiter.

Vergütungsstahl

25CrMo4 ist ein Stahl mit 0,25 % Kohlenstoff, 1 % Chrom und etwas Molybdän. 25CrMo4 wird oft vergütet.
Vergüten ist ein Härteverfahren.

Einsatzstahl

17NiCrMo6–4 ist ein Stahl mit 0,17 % Kohlenstoff, 1,5 % Nickel, 1 % Chrom und etwas Molybdän. Er ist ein Einsatzstahl.
Einsatzstahl wird einsatzgehärtet.
Der Kohlenstoffgehalt ist eigentlich für das Härten zu niedrig. Der Stahl wird in eine Kohlenstoffquelle eingesetzt. Dann wird er erhitzt.
Durch das Einsetzen des Stahls in eine Kohlenstoffquelle bekommt der Rand eine ausreichende Kohlenstoffmenge.
Das Einsetzen wird auch Aufkohlen genannt.

Automatenstahl

11SMn37 ist ein Stahl mit 0,11 % Kohlenstoff und 0,37 % Schwefel und etwas Mangan.
Es ist ein Automatenstahl.
Der Schwefel macht beim Drehen auf der Drehmaschine kurze Späne.
Die Späne brechen kurz.
Automatisiertes Drehen ist mit langen Spänen nicht möglich.

Hochlegierter Stahl

Stähle mit mindestens einem Legierungsbestandteil über 5 % haben als ersten Kennbuchstaben ein »X«. Für den Kohlenstoffgehalt wird die erste Zahl durch hundert geteilt und dann in Prozent angegeben. Ihre weiteren Legierungsbestandteile werden direkt in Prozent angegeben.
X38CrMoV5–3 ist also ein hochlegierter Stahl mit 0,38 % Kohlenstoff, 5 % Chrom, 3 % Molybdän und etwas Vanadium.

Schnellarbeitsstahl (HSS)

HSS steht für *High Speed Steel*, übersetzt Schnellarbeitsstahl.

Schnellarbeitsstähle (HSS) haben die Kennbuchstaben »HS« und dann folgen die Legierungsbestandteile Wolfram, Molybdän, Vanadium und dann Kobalt in Prozent. Diese Reihenfolge ist festgelegt.
HS 10-4-3–10 enthält also 10 % Wolfram, 4 % Molybdän, 3 % Vanadium und 10 % Kobalt.

6.2. Nichteisenmetalle (NE)

6.2.1. Leichtmetalle

Aluminium

Aluminium wird häufig verwendet.
Aluminium bildet an der Luft sofort eine Oxidschicht.
Diese Schicht schützt das Aluminium.
Aluminium wird meistens nicht lackiert. Unlackiertes Aluminium gibt keinen Lack ab. Dies ist ein Vorteil gegenüber lackiertem Maschinenbaustahl.
Unlackiertes Aluminium wird deshalb gerne im Maschinenbau für die Lebensmittelverarbeitung verwendet.
Aluminium lässt sich gut bearbeiten.
Aluminium spart Gewicht.

Aluminium hat einen Dichte von 2,7 $\frac{kg}{dm^3}$.

Die Dichte von Stahl ist mehr als dreimal so hoch.
Aluminium ist gut wiederverwertbar (Recycling).
Aluminium lässt sich sehr gut zu Profilen formen.
Dies alles führt zu einer immer häufigeren Verwendung von Aluminium.
Aluminium wird durch Elektrolyse hergestellt.
Die Herstellung von Aluminium braucht viel Strom.
Die Herstellung verbraucht Bauxit als Erz.
Dieses Erz ist weltweit reichlich vorhanden.
Heutige Herstellungsverfahren benötigen eine Elektrode aus Kohlenstoff.
Diese oxidiert, dadurch wird viel CO_2 erzeugt.

Es wird zwischen Reinaluminium, Gusslegierungen und sogenannten Knetlegierungen unterschieden.

Wie bei den Eisenlegierungen beginnt die Legierungsbezeichnung mit EN für »Europäische Norm«.

Reinaluminium und Knetlegierungen[9] haben in der Bezeichnung danach ein AW für englisch *Aluminium Wrought*.
Knetlegierungen sind gut umformbar.
Knetlegierungen werden häufig nach dem Umformen eloxiert.
Eloxieren steht für elektrolytischs Oxidieren. Es wird gezielt eine Oxidschicht gebildet.

Reinaluminium

Reinaluminium hat nach dem AW die Buchstaben Al und eine Zahl.
Diese Zahl gibt den Aluminiumgehalt in Prozent an.
AW Al 99,5 hat also einem Aluminiumgehalt von 99,5 %.
Die restlichen Inhaltsstoffe sind nicht angegeben.
Reinaluminium lässt sich gut umformen.
Reinaluminium lässt sich schlecht spanend bearbeiten.
Reinaluminium hat eine geringe Zugfestigkeit.

$$R_m = 60 \frac{N}{mm^2}$$

Aluminiumknetlegierung

Aluminiumknetlegierungen haben nach dem AW Al die Kurzzeichen für weitere Bestandteile.
Nach dem Kurzzeichen kann der Anteil in Prozent folgen.
AW Al Cu4PbMgMn ist also eine Aluminiumknetlegierung mit 4 % Kupfer, etwas Blei, Magnesium und Mangan.
Es lässt sich gut zerspanen und hat eine gute Zugfestigkeit.

$$R_m = 370 \frac{N}{mm^2}$$

Aluminiumgusslegierung

Gusslegierungen haben die Bezeichnung AC für *Aluminium Cast*.
Cast ist das englische Wort für Guss.
AC AlSi7Mg ist eine Aluminiumgusslegierung mit 7 % Silizium und etwas Magnesium.

---

9 Das Wort Knetlegierung wird verschieden erklärt. Die Bezeichnung kann das mehrmalige Umschmieden der Legierung (Kneten) in früheren Fertigungsverfahren meinen.

Magnesium

Magnesium hat eine noch geringere Dichte als Aluminium.
Magnesium ist sehr gut brennbar.
Bei der Bearbeitung von Magnesiumlegierungen muss besonders auf Brandschutz geachtet werden.
Magnesium kann nicht mit Wasser gelöscht werden.
Wasser verstärkt den Brand.
Auch Produkte aus Magnesiumlegierungen können ein Risiko sein.
Magnesiumlegierungen werden meistens gegossen.

Titan

Titanlegierungen haben eine sehr hohe Zugfestigkeit.

Titan hat eine Dichte von $4{,}5 \frac{kg}{dm^3}$.

Die sehr hohe Zugfestigkeit ermöglicht sehr leichte Konstruktionen.
Titanlegierungen sind unempfindlich gegen Korrosion.
Titanlegierungen werden vom menschlichen Körper gut vertragen.
Sie sind also physiologisch gut verträglich.
Nach Unfällen werden Knochen oft mit Titanschrauben und Titanstäben repariert. Titan begegnet so vielen Menschen, die sonst nichts damit zu tun hätten.
Die hohe Schmelztemperatur von 1670 °C bei geringem Gewicht und hoher Festigkeit macht Titan für viele Anwendungen im Flugzeug geeignet.
Titan wird häufig lasergesintert und ergibt dann sehr feste und leichte Bauteile.
Lasergesinterte Turbinenteile helfen, z. B. in Flugzeugen Treibstoff einzusparen.

6.2.2. Schwermetalle

Kupfer

Kupfer begleitet die Menschheit schon seit sehr langen Zeiten.
Kupfer kommt in der Natur als Metall vor.
Es liegt in der Natur teilweise nahezu chemisch rein vor. Das Fachwort dafür ist »gediegen«.
Gold, Silber, Platin und teilweise Kupfer liegen in der Natur gediegen vor.
Bei anderen Metallen ist dies sehr selten.

Kupfer lässt sich gut verformen.
Mit einfachem Werkzeug können Gefäße und Bleche aus Kupfer geformt werden. Erwärmen macht ein immer weiteres Umformen möglich.
Warmes Umformen mit dem Hammer wird als »Schmieden« bezeichnet.
Kaltes Umformen mit dem Hammer wird als »Treiben« bezeichnet.[10]
Kupfer ist weitgehend unempfindlich gegen Korrosion.
Heutzutage wird Kupfer hauptsächlich aus Erzen verhüttet.
Wegen seiner sehr guten Stromleitfähigkeit werden große Mengen an reinem Kupfer für Elektroanwendungen gebraucht.
Für Wasserleitungen ist eine etwas festere Legierung üblich.
Wegen seiner sehr guten Wärmeleitfähigkeit wird Kupfer häufig in der Kühltechnik verwendet.
Es gibt viele weitere Anwendungen für Kupfer.

Kupferlegierungen

Kupferlegierungen sind deutlich fester als reines Kupfer.

Bronze

Die bekannteste Kupferlegierung ist Bronze.
Aus Bronze lassen sich Werkzeuge schmieden. Bis zur Entwicklung der Eisenherstellung war Bronze als Werkzeugmaterial unübertroffen.
Bronze ist eine Kupfer-Zinn-Legierung.
Bronzen mit 5 % bis 8 % Zinn sind rötlich und sehr fest. Sie werden für technische Teile eingesetzt.
Bronze gleitet recht gut auf Stahl und ist sehr unempfindlich gegen Korrosion.
Kirchenglocken enthalten über 20 % Zinn, sie sind eher gelblich.

Messing

Messing ist eine Kupfer-Zink-Legierung.
Messing erreicht eine hohe Zugfestigkeit.
Messing lässt sich gut löten.
Messing ist sehr unempfindlich gegen Korrosion. Messing verträgt sogar Meerwasser gut.
Messing enthält meist 30 % bis 40 % Zink.

10 Als Hammer kann beim Treiben auch ein Stein dienen und als Amboss ein Holzbrett.

Weitere Kupferlegierungen

Kupfer-Aluminium-Legierungen haben eine sehr gute Zugfestigkeit und sind sehr verschleißfest.
Kupfer-Nickel-Zink-Legierungen werden in vielen elektrischen Schaltern verwendet.
Kupferberyllium besitzt eine sehr gute Wärmeleitfähigkeit bei guter Festigkeit.
Kupferberyllium bildet nie Funken bei der Verwendung als Werkzeug.
Kupferberyllium wird als Wärmeleiter und für funkenfreies Werkzeug verwendet.

Zink

Zink lässt sich sehr gut gießen. Zinkdruckguss kennen viele durch Spielzeugautos.
Zink wird auch für die Fertigung von Formen für Kunststoff verwendet, hier besonders für Blasformen. Die Kühlrohre aus Kupfer lassen sich mit Zink umgießen. Die Form leitet so sehr gut Wärme ab.

Blei

Blei lässt sich sehr gut gießen und umformen.
Blei ist leider recht giftig.
Blei wird immer weniger verwendet.

Wolfram

Wolfram hat eine sehr hohe Schmelztemperatur von 3390 °C.
Wolfram wird in Glühbirnen als Glühdraht verwendet.
Wolfram findet sich in Anwendungen mit hohen Temperaturen.

6.3. Nichtmetalle

6.3.1. Naturwerkstoffe und modifizierte Naturwerkstoffe

Naturwerkstoffe kommen so in der Natur vor.
Sie können sehr verschieden sein.
Modifizierte Naturwerkstoffe sind in den Eigenschaften etwas verändert.
Der natürliche Ursprung ist aber zu erkennen.
In vielen Lehrbüchern wird nicht zwischen modifizierten und unmodifizierten Naturwerkstoffen unterschieden.

6.3.2. Mineralische Naturwerkstoffe

Mineralische Naturwerkstoffe liegen meist als Steine und Sande vor.

Steine mit einem hohen Quarzgehalt und Quarzsand

Quarz ist sehr hart, hitzebeständig und formstabil.
Chemisch ist Quarz Siliziumdioxid.
Ein typischer Stein mit hohem Quarzgehalt ist Granit.
Granit kann sehr genau geschliffen werden.
Es entsteht dann eine sehr gerade Fläche.
Granit dient oft als Messtisch oder Anreißplatte.
Gesteinsmehl oder Quarzsand dienen oft als Füllstoff.
Sie erhöhen die Druckfestigkeit in Stoffmischungen.

Korund

Korund ist ein sehr fester Stein.
Chemisch gesehen ist Korund Aluminiumoxid.
Korund hat eine Schmelztemperatur von 2050 °C.
Korund bildet scharfkantige Kristalle aus.
Korund ist das Schleifmittel an vielen Schleifbändern und Schleifscheiben.

Speckstein, Talkum oder Talk

Speckstein ist ein weicher Stein. Meist wird der gemahlene Speckstein als Talk bezeichnet.
Talk lässt sich fein vermahlen.
Es dient oft als Trennmittel und als Füllstoff.
Talk ist unpolar.
PE und PP sind unpolare Kunststoffe.
PE und PP verbinden sich gut mit Talk.

Ton

Ton lässt sich gut formen. Durch das Brennen entstehen dauerhafte Gegenstände. Besonders Gefäße bestehen oft aus Ton.
Die Erfindung der Glasur führte zu sehr dichten Gefäßen.

Kalk (ungebrannt)

Kalk ist ein guter Baustoff.
Als Mamor und als Alabaster ist Kalk sehr schön.
Kalk dient auch als Füllstoff.

6.3.3. Modifizierte mineralische Naturwerkstoffe

Kalk (gebrannt)

Gebrannter Kalk wird mit Wasser angerührt. Er verbindet sich mit dem Wasser und mit dem Kohlendioxid aus der Luft.
Er dient als Anstrich und als Bestandteil von Mörtel.
Da er keine Nährstoffe enthält, kann er als Wandfarbe auch bei Schimmelgefahr verwendet werden.

Gips

Gips kommt in der Natur vor. Zur Zeit wird Gips aber meist aus Kalk in Kraftwerken gewonnen. Kalk nimmt dort die Schwefelsäure aus den Rauchgasen auf und wird dabei zu Gips.
Gips wird hauptsächlich als Baustoff verwendet.

6.3.4. Pflanzliche Naturwerkstoffe

Holz

Verschiedene Sorten Holz haben verschiedene Eigenschaften.
Es gibt sehr harte Hölzer und sehr weiche Hölzer.
Holz besteht hauptsächlich aus Zellulose und Lignin.
Zellulose bildet als Kettenmolekül Fasern.
Durch das Wachstum hat Holz eine Faserrichtung.
Die Eigenschaften sind in verschiedener Faserrichtung ungleich.
Holz nimmt in Faserrichtung sehr gut Zugkräfte auf.
Holz ist leicht.
Holz dämpft Schwingungen.

Pflanzenfasern

Pflanzenfasern bestehen hauptsächlich aus Zellulose.
Zellulose ist ein Kettenmolekül. Es ist also ein natürliches Polymer.[11]
Zellulose bildet Fasern.
Aus vielen Pflanzenfasern können Fäden hergestellt werden.
Die Fasern werden zu Fäden versponnen.
Spinnen ist ein gemeinsames Verdrehen mehrerer Fasern.
Aus Fäden können Schnüre und Seile gefertigt werden.

---

11 Der Begriff Polymer wird im Kapitel Kunststoffe erklärt.

Die Fäden werden dazu ineinander verdreht und umwickeln sich dann gegenseitig.
Aus Fäden können Stoffe gewebt werden.
Fasern können auch zufällig abgelegt werden. Es entstehen dann zum Beispiel Fasermatten und Pappen.

6.3.5. Modifizierte pflanzliche Naturwerkstoffe

Zellulose

Zellulose ist eine gereinigte Pflanzenfaser.
Zellulose wird meistens aus Holz gewonnen.
Zellulose wird hauptsächlich zu Papier verarbeitet.

Zellophan und Viskose

Zellophan und Viskose werden aus Zellulose gewonnen.
Zellophan dient als transparente, glänzende Verpackung.
Viskose dient als glänzende Textilfaser.
Zellophan und Viskose können auch als Kunststoff eingeordnet werden.

Lignin

Holz besteht hauptsächlich aus Zellulose und Lignin.
Bei der Gewinnung von Zellulose aus Holz bleibt Lignin übrig.
Lignin lässt sich z. B. zu einem Thermoplast aufbereiten.

6.3.6. Werkstoffe aus Pflanzensäften oder Pflanzenölen

Latex, Naturkautschuk

Latex ist der Pflanzensaft aus den Kautschukbäumen.
Meist wird er durch die Zugabe von Essig verfestigt und liegt dann als Platte vor. Latex gerinnt also durch den Essig.
Latex ist der unvernetzte Ausgangsstoff für Naturkautschuk.
Latex ist also thermoplastisch. Latex lässt sich schmelzen. Latex wird zähflüssig. Latex besteht aus langen Kettenmolekülen.
Werden Kettenmoleküle stellenweise durch andere Moleküle verbunden, entsteht eine Vernetzung.
Naturkautschuk (Gummi) ist vernetzter Latex.
Gummi lässt sich nicht schmelzen.
Der Begriff Gummi kann auch synthetischen Kautschuk oder Mischungen meinen.

Latex kann zum Beispiel auch aus Löwenzahn gewonnen werden.

Faktis

Faktis ist ein dem Kautschuk ähnlicher Stoff, der aus Pflanzenölen gewonnen werden kann.

Kolophonium

Ist ein getrocknetes Harz.
Kolophonium hilft, Reibung zu erhöhen.

Leinöl, chemisch veränderte Pflanzenöle

Leinöl ist die Grundlage hochwertiger Lacke und das Bindemittel in Linoleum.
Linoleum ist eine weiche Platte.
Sie dient als Fußbodenbelag oder Möbeloberfläche.
Leinöl wird oft durch andere Pflanzenöle ersetzt. Dazu werden diese Pflanzenöle chemisch verändert.

Schellack

Schellack ist ein pflanzliches Harz, das durch Schellacklaus modifiziert wurde. Die Lacklaus saugt die Pflanzensäfte auf und scheidet Lack und Wachse aus. Für technische Anwendungen wird der Lack von den Wachsen getrennt.
Schellack kann auch als tierisches Produkt gesehen werden.
Schellack wird hauptsächlich in Indien gesammelt.
Schellack kann geschmolzen oder in Alkohol gelöst werden.
Schellack schützt als Lack gut vor Wasser.
Schellack dient als Bindemittel zum Beispiel bei Schleifscheiben.

Stearinsäure

Stearinsäure wird aus pflanzlichen und aus tierischen Fetten und Ölen gewonnen. Beliebt sind auch Kerzen aus Stearinsäure.
Sie dient unter anderem als Trennmittel und als Gleitmittel.

6.3.7. Modifizierte Tierische Naturwerkstoffe

Schellack, Stearinsäure: Siehe 6.3.5. Modifizierte pflanzliche Naturstoffe.

Leder

Leder wird aus Tierhäuten gewonnen.

Häute bestehen aus vernetzten und unvernetzten Eiweißen.
Diese Häute werden gegerbt. Die Vernetzung wird erhöht.
Der Vorgang entspricht teilweise einer Gerinnung.
Leder wird für Schutzkleidung verwendet.

Wollfilz

Wolle für Filz stammt meist von Schafen.
Wolle wird verfilzt. Die Haare verhaken sich miteinander.
Filz wird für Dichtungen, als Dämpfung und als Schutz gegen Kratzer verwendet.

Gelatine, Eiweiße

Gelatine besteht aus Eiweißen.
Diese Eiweiße sind bei Wärme in Wasser löslich.
Gelatine dient zum Beispiel bei Fotopapier als Beschichtung.
Gelatine und andere Eiweiße sind Bestandteil vieler Klebstoffe.

6.4. Künstliche Werkstoffe

Künstliche Werkstoffe werden aus natürlichen Rohstoffen hergestellt. Die ursprünglichen Eigenschaften der Rohstoffe sind aber nicht mehr zu erkennen.
Die Grenzen zwischen natürlichen Werkstoffen, modifizierten natürlichen Werkstoffen und künstlichen Werkstoffen sind oft nicht eindeutig.

6.4.1. Glas

Das Wort »Glas« wird hier im gebräuchlichen Sinn verwendet.
Glas besteht aus einer Mischung von Siliziumdioxid, Natriumoxid, Calciumoxid, Aluminiumoxid und weiteren Metalloxiden.
Historisch ist dabei auch Kaliumoxid bedeutend.
Glas wird also aus Sand, Soda, Kalk und weiteren Materialien hergestellt.
Beim Erstarren entstehen keine Kristalle. Glas ist also nicht kristallin. Das Fachwort für nicht kristalline Stoffe ist »amorph«.
Glas wird deshalb auch als eine stark unterkühlte Flüssigkeit betrachtet.
Ein angeritztes Glas lässt sich gut brechen. Wird das Glas nicht bald nach dem Anritzen gebrochen, lässt es sich immer weniger gut brechen.
Eine frisch gebrochene Scherbe ist sehr scharf. Sie wird durch Lagerung stumpf. Beides sind Hinweise auf flüssiges Verhalten.

Glas fließt allerdings extrem langsam. Deshalb ist das Fließen nicht wahrnehmbar.
Glas ist meist chemisch sehr beständig. Deshalb ist es lebensmittelecht und vielseitig anwendbar.
Glas ist ein guter elektrischer Isolator.

6.4.2. Keramik

Keramik kann aus ähnlichen Bestandteilen wie Glas bestehen, ist aber kristallin. Keramik wird meist durch Sinterverfahren urgeformt.
Töpfern ist technisch gesehen ein Sinterverfahren.
Die meisten Keramiken bestehen aus Metalloxiden oder Metallcarbiden.
Metallcarbide sind Verbindungen aus Metall und Kohlenstoff. Besonders die Karbide sind sehr fest.
Keramiken sind meist chemisch sehr beständig.
Keramiken sind gute elektrische Isolatoren.
Keramiken sind teilweise sehr druckfest.

6.4.3. Kunststoff (Plastik)

Der Begriff Kunststoff ist nicht genau definiert. Es gibt verschiedene Auffassungen, was Kunststoffe sind.
Kunststoffe bestehen immer aus Makromolekülen.
Diese Makromoleküle werden aus Grundmolekülen gebildet.
Die Grundmoleküle heißen Monomere.
Die Makromoleküle heißen Polymere.
Polymere sind verbundene Monomere.
Auch in der Natur gibt es Polymere, z. B. Zellulose und Eiweiß.
Die Monomere für Kunststoffe werden gezielt hergestellt.
Kunststoffe haben Molekülketten aus Kohlenstoff oder Kohlenstoff mit weiteren Atomen. Selten ist Kohlenstoff durch Silizium ersetzt.
Die Formbarkeit bei der Herstellung des Produktes ist ein wichtiges Merkmal. Dies kommt in dem Namen »Plastik« zum Ausdruck.
Kunststoffe sind beim Urformen plastisch.
Plastisch heißt: Unter Druck und Wärme fließen sie.
Manche Kunststoffe fließen beim Urformen auch ohne Druck und Wärme gut.
Kunststoffe werden in drei wichtige Gruppen unterteilt:
Thermoplaste, Elastomere und Duroplaste
Schmelzbare Stoffe werden durch Wärme flüssig oder plastisch.
Schmelzbare Kunststoffe heißen Thermoplaste.

Duroplaste und Elastomere sind nach dem Urformen vernetzt. Deshalb sind sie nicht schmelzbar.
Vernetzung[12] heißt, es bestehen chemische Verbindungen.
Diese Verbindungen können nicht aufgehoben werden, ohne den Kunststoff zu zerstören.
Thermoplaste lassen sich nach dem Schmelzen wieder urformen.
Polymere aus nur einer Sorte Monomer heißen Homopolymere.
Polymere aus mehreren Sorten Monomer heißen Copolymere.
Copolymere mit Abzweigungen aus einem anderen Monomer heißen Pfropfcopolymere.

Thermoplaste

Die meisten verwendeten Kunststoffe sind Thermoplaste.
Die Makromoleküle liegen also als Fäden vor.
Dies nennt man auch linear.
Die Thermoplaste lassen sich in amorph und teilkristallin unterscheiden.
Amorph heißt: Ohne Kristallite.
Kristallite sind stark geordnete Bereiche.
In den Kristalliten liegen die Makromoleküle also dicht nebeneinander.

Amorphe Thermoplaste

Amorphe Thermoplaste haben eine gute Festigkeit bis zur Erweichungstemperatur. Die Makromoleküle sind erstarrt.
Im Erweichungstemperaturbereich (ET) nimmt die Festigkeit schnell stark ab. Die Kunststoffe sind gut verformbar. Sie sind thermoelastisch.
Weitere Erwärmung senkt die Festigkeit gleichmäßig bis zur Fließfähigkeit.
Der Erweichungstemperaturbereich (ET) wird auch Glasübergangstemperatur (GT) genannt.
Bekannte amorphe Thermoplaste sind PS, PVC, PC und PMMA.
Die Abkürzungen werden weiter hinten im Buch aufgeschlüsselt.
Amorphe Thermoplaste ohne Farbstoff sind transparent.

Teilkristalline Thermoplaste

Auch teilkristalline Thermoplaste haben ungeordnete Bereiche.
Ungeordnete Bereiche sind amorphe Bereiche.

---

12 Die in manchen Büchern verwendeten Worte »physikalisch vernetzt« sind problematisch und werden hier nicht verwendet.

Die Festigkeit von teilkristallinen Kunststoffen kommt großteils aus den Kristalliten.
Die Kristallite haben eine Schmelztemperatur, diese wird Kristallit-Schmelztemperatur genannt.
Werden teilkristalline Kunststoffe bis zur Kristallit-Schmelztemperatur erwärmt, sinkt ihre Festigkeit nur etwas ab. Werden sie weiter erwärmt, sinkt die Festigkeit sehr.
Ein hoher Anteil der Festigkeit kommt also von den Kristalliten.
Eine geringe Festigkeit besteht noch, die aber durch eine geringe Temperaturerhöhung überwunden wird. Der Kunststoff wird plastisch.
Wird der teilkristalline Kunststoff weit unter Raumtemperatur abgekühlt, wird er hart und spröde. Die amorphen Bereiche erstarren. Dieser Übergang entspricht dem Erweichungstemperaturbereich (ET) oder dem Glasübergangstemperaturbereich (GT) der amorphen Thermoplaste. Beim ET werden die amorphen Bereiche fest. Der ET ist allerdings weniger stark wirksam, da die Festigkeit großteils aus den Kristalliten kommt. Da der Kunststoff dann zu spröde wird, wird er meist nicht unter der Erweichungstemperatur verwendet. Die Erweichungstemperatur ist also meist die untere Gebrauchstemperatur.
Bekannte teilkristalline Thermoplaste sind PE und PP.

Duroplaste

Die Kettenmoleküle sind chemisch verbunden. Sie bilden ein Netz.
Vor der Vernetzung sind die Kettenmoleküle noch flüssig oder thermoplastisch. Die Vernetzung bewirkt den größten Teil ihrer Festigkeit.
Deshalb ist die Festigkeit kaum von der Temperatur abhängig.
Bekannte Duroplaste sind Gießharze und Epoxidharze.
Epoxidharze werden häufig als Zweikomponentenklebstoff verwendet.

Elastomere

Elastomere sind weitmaschig vernetzte Kunststoffe. Das Netz lässt sich also stark verformen. Die Kettenmoleküle haben also chemische Verbindungen mit hohem Abstand. Die Bereiche zwischen den Verbindungen sind amorph. Unterhalb der Erweichungstemperatur (ET) des amorphen Anteils sind sie hart und spröde! Unter der ET verhalten sie sich ähnlich wie ein amorpher Thermoplast unter der ET. Die Gebrauchstemperatur liegt über der Erweichungstemperatur.

Als Modell kann ein Schwamm mit Wasser oder ein gekochtes Ei dienen.[13] Unter dem Gefrierpunkt ist keine Elastizität mehr da.

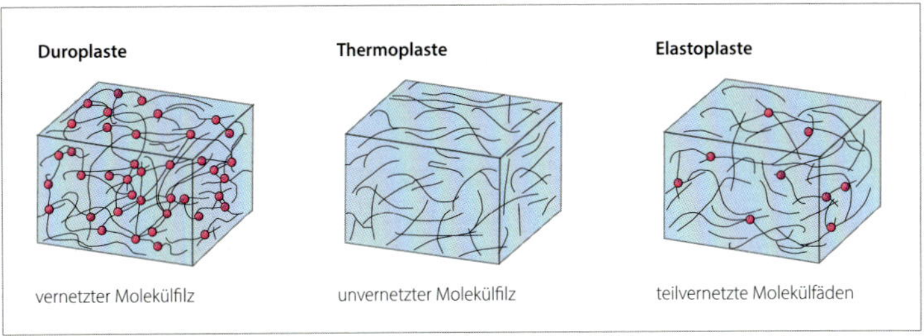

Vernetzung von Kunststoffen

Thermoplastische Elastomere (TPE)

Thermoplastische Elastomere (TPE) sind Kombinationen aus Elastomeren mit Thermoplasten, die schmelzbar sind. TPE verhalten sich bei Raumtemperatur ähnlich wie Elastomere. TPE lassen sich jedoch bei Wärmezufuhr plastisch verformen.

6.5. Wichtige Kunststoffe

6.5.1. Polyolefine (Polyalkene)

Polyolefine können auch als Polyalkene bezeichnet werden. Ihre Grundbausteine (Monomere) sind also Alkene. Diese Alkene heißen Ethen, Propen und Buten. Früher hießen sie Ethylen, Propylen und Butylen. Aus ihnen werden Polyethylen, Polypropylen und Polybutylen hergestellt. Diese Kunststoffe bestehen nur aus Kohlenstoff und Wasserstoff und eventuell Hilfsstoffen.
Polyolefine sind sehr unpolar.
Polyolefine haben eine niedrigere Dichte als Wasser.
Als Abfall sind Polyolefine unproblematisch. Selbst bei ungeregelter Verbrennung entstehen kaum giftige Stoffe.
In der Deponie geben sie keine Stoffe an das Wasser ab.
Polyolefine lassen sich gut wiederverwerten (recyceln).

13 Nasse, gefrorene Dreadlocks sind ein weiteres Beispiel.

6.5.2. Polypropylen (PP)

Polypropylen (PP) zählt zu den Polyolefinen.
Fast ein Fünftel des Kunststoffverbrauchs in der EU ist PP.
PP lässt sich gut spritzgießen, extrudieren und blasen. PP lässt sich auch gut verschweißen. PP ist für Lebensmittel geeignet.
Nur nach Vorbehandlung lässt PP sich lackieren.
Polypropylen ist teilkristallin.

6.5.3. Polyethylen niedriger Dichte (PE-LD/LD-PE)

LD steht für *low density*, niedrige Dichte.

Die Dichte von PE-LD liegt meist zwischen 0,90 $\frac{kg}{dm^3}$ und 0,915 $\frac{kg}{dm^3}$.

Ein knappes Sechstel des Kunststoffverbrauchs in der EU sind PE-LD und PE-LLD. PE-LLD wird weiter unten beschrieben.
PE-LD wird durch Polymerisation unter hohem Druck hergestellt.
Es handelt sich also um das Hochdruckverfahren.
Das PE-Kettenmolekül kann dadurch Abzweigungen bekommen.
Die Zweige halten die Kettenmoleküle etwas auseinander.
Die Kettenmoleküle können dadurch weniger kristallisieren.
Der Kristallisationsgrad ist 40 % bis 50 %.
PE-LD wird sehr häufig zu Folien verarbeitet.

6.5.4. Polyethylen hoher Dichte (PE-HD/HD-PE)

HD steht für *high density*, hohe Dichte.

Die Dichte liegt zwischen 0,94 $\frac{kg}{dm^3}$ und 0,97 $\frac{kg}{dm^3}$.

Katalysatoren ermöglichen die Herstellung von PE-HD bei niedrigem Druck. Durch die Polymerisation bei niedrigem Druck entstehen keine Abzweigungen. Die Kristallisation wird also nicht durch Zweige behindert.
Der Kristallisationsgrad liegt bei 60 % bis 80 %.
Die Dichte ist dadurch höher. Die Kristallite geben dem PE-HD eine höhere Festigkeit als dem PE-LD.

6.5.5. Lineares Polyethylen niedriger Dichte (PE-LLD/LLD-PE)

LLD steht für *linear low density*, linear und niedrige Dichte.

PE-LLD wird wie PE-HD im Niederdruckverfahren hergestellt. Durch Einbau von Buten, Penten und Hexen entstehen sehr kurze Abzweigungen.
Die Abzweigungen sind bei Buten zwei Kohlenstoffbindungen lang. Bei Penten sind die Abzweigungen drei Kohlenstoffbindungen und bei Hexen vier Kohlenstoffbindungen lang. Das Kettenmolekül ist mehrere tausend Bindungen lang. Dadurch sind die Abzweigungen im Vergleich sehr klein. Die Bezeichnung lineares PE ist damit begründet.
Eine Kristallisation wird aber erschwert.
Die Anzahl der Abzweigungen kann sehr genau eingestellt werden. PE-LLD-Sorten können dadurch sehr unterschiedlich sein.

6.5.6. Polyvinylchlorid (PVC)

Genau wie die Polyolefine hat Polyvinylchlorid (PVC) eine Kohlenstoffkette als Grundlage. An jedem zweiten Kohlenstoff befindet sich aber ein Chloratom. So sind also auf der Kette drei Wasserstoffatome und dann ein Chloratom. Dies macht das PVC sehr polar. Das Chloratom verhindert außerdem die Kristallisation. PVC ist also amorph. Technisch ist PVC gut. Das Chlor erschwert aber die Entsorgung. Bei ungeregelter Verbrennung entsteht Dioxin, ein extrem giftiger Stoff. PVC enthält außerdem immer Wärmestabilisatoren aus Schwermetallen.
PVC sollte also möglichst durch andere Materialien ersetzt werden.
Hart-PVC wird als PVC-U bezeichnet. U steht für *unplastified*, nicht weich gemacht.
Weich-PVC wird als PVC-P bezeichnet. P steht für *plastified*, weich gemacht. Als Weichmacher werden meist Phthalate verwendet.
Phthalate sind gesundheitschädlich. Bodenbeläge aus PVC-P und Tapeten mit PVC-Schaum sind bedauerlicherweise immer noch erlaubt. Auch Teppichböden haben teilweise eine Rückseite aus PVC-P. Dies wird aber seltener.
Auf das Umweltbewusstsein der Bevölkerung reagiert die Werbung teilweise leider auch mit der Umbenennung von PVC in Vinyl. Ein Vinylboden ist ein PVC-Boden.

6.5.7. Polystyrol (PS)

Polystyrol (PS) ist ein sehr vielseitiger Thermoplast.
PS ist nahezu unpolar und amorph.
Auch PS besteht aus einer Kohlenstoffkette mit Wasserstoff am Kohlenstoff. An jedem vierten Kohlenstoff ist ein Benzolring gebunden.

Sechs Kohlenstoffatome sind als Ring verbunden und haben gemeinsam drei Doppelbindungen. An jedem Kohlenstoff ist ein Wasserstoff gebunden. Eine Wasserstoffbindung ist durch die Bindung an die Kohlenstoffkette ersetzt. Solche Kohlenwasserstoffringe lassen sich nur schwer aufspalten. Dies erklärt die starke Rußbildung bei der Verbrennung.

PS ist kostengünstig und vielseitig verwendbar. PS wird schon sehr lange produziert. Deshalb gibt es von PS viele Copolymere und sogenannte Blends. Blends sind Mischungen. Styrolacrylnitril (SAN), Styrolbutadien (SB), Acrylnitrilstyrolacrilester (ASA) und Acrylnitrilstyrolbutadien (ABS) sind sehr häufig. Aus ABS bestehen z. B. sehr bekannte Bausteine mit Noppen für Kinder.

Pentan[14] kann in PS leicht eindringen. Der Siedepunkt von Pentan liegt weit unter dem Siedepunkt von Wasser.

Dies ermöglicht die einfache Herstellung von PS-Schäumen. PS-Schäume heißen fachlich expandiertes Polystyrol (EPS/EPX). Die bekannteste Marke ist Styropor.

6.5.8. Polyurethan (PUR)

Polyurethan (PUR) ist eine sehr vielseitige Familie an Kunststoffen.

Es kann aus linearen Kettenmolekülen bestehen und ist dann ein Thermoplast. PUR kann aber auch sehr verschieden stark vernetzt sein. So gibt es PUR sowohl als Duroplast als auch als Elastomer.

Die häufigste Anwendung ist der Schaum. Matratzen, Griffe und Fahrradsättel sind häufig aus PUR.

Aus PUR sind auch hochwertige Schläuche und Kabelumhüllungen.

Es gibt auch viele Lacke und Klebstoffe aus PUR.

6.5.9. Polyester

Ein Ester ist eine Kohlenstoffkette mit einem eingebauten Sauerstoffatom in der Molekülkette. Von einem Kohlenstoffatom neben dem Sauerstoff zweigt eine Doppelbindung zu einem Sauerstoff ab. Dies macht Ester sehr polar.

Polyester haben Estergruppen in ihren Makromolekülen.

Einige sehr bekannte Kunststoffe sind Polyester, zum Beispiel Polyethylenterephthalat (PET), Polycarbonat (PC) und Polyesterharz.

---

14 Pentan ist ein Kohlenwasserstoff mit fünf Kohlenstoffatomen.

In Textilien werden PET und PC beide als Polyester gekennzeichnet. Die Abkürzung ist oft PES. Meistens handelt es sich bei Polyester in Textilien um PET.

6.5.10. Polyethylenterephthalat (PET)

Polyethylenterephthalat (PET) ist ein hochwertiger technischer Thermoplast. PET für technische Anwendungen ist häufig teilkristallin.
Für Getränkeflaschen ist das amorphe PET mit Glycol (PET-G) üblich. PET-G ist transparent.
PET-G wird auch in Textilien verwendet. Für das PET-G aus den Flaschen ergibt sich so eine Wiederverwertung.

6.5.11. Polycarbonat (PC)

Polycarbonat (PC) ist ein sehr schlagfester Thermoplast. Schutzscheiben an Maschinen sind oft aus PC und bremsen Splitter sehr gut ab. Auch Schutzbrillen und Visiere von Helmen sind aus PC.
PC wird auch für Lebensmittelgefäße verwendet. PC kann an heißes Wasser Bisphenol abgeben. Bisphenole haben eine Hormonwirkung. Die Verwendung von PC als Trinkflasche ist ungünstig.

6.5.12. Ungesättigte Polyesterharze (UP)

Ungesättigtes Polyesterharz (UP) ist ein Duroplast. UP wird häufig als Gießharz verwendet. Es ist transparent bis gelblich. UP ist häufig der Kunststoff in Glasfaserverbundwerkstoff.

6.6. Verbundwerkstoffe

Verbundwerkstoffe bestehen aus verschiedenen Materialien.
Diese Materialien haben verschiedene Eigenschaften.
Diese Eigenschaften bleiben erkennbar.
Die Eigenschaften sollen sich ergänzen.
Verbundstoffe sind oft schwer wiederzuverwerten, also zu recyceln.

6.6.1. Stahlbeton

Stahl nimmt hohe Zugkräfte auf.
Beton nimmt hohe Druckkräfte auf.
Beton schützt den Stahl vor Korrosion.

Stahlbeton hat eine sehr hohe Festigkeit für verschiedene Kräfte. Diese Festigkeit ist auch von Richtung und Lage des Stahls abhängig.

6.6.2. Glasfaserkunststoff (GFK)

Glasfasern nehmen hohe Zugkräfte auf. Der Kunststoff verbindet die Fasern. Die Verbindung ist bei polaren Kunststoffen am besten. Unpolare Kunststoffe brauchen Hilfsstoffe, um sich mit den Fasern zu verbinden. Die Festigkeit ist von der Richtung der Fasern abhängig.

6.6.3. Zellulosefaserkunststoffe, Holzfaserkunststoffe

Die Fasern nehmen Zugkräfte auf. Sie verbinden sich auch durch ihre Form gut. Sie haben eine geringe Dichte.

6.6.4. Hartmetall

In Metall sind sehr feste keramische Stoffe eingebaut.
Als Metall eignet sich Kobalt.
Als Keramik eignet sich z. B. Wolframcarbid.
Die meisten Wendeschneidplatten sind aus Hartmetall.

6.6.5. Verbundkarton

Pappe gibt eine gute Stabilität. Sie ist gut bedruckbar und gibt einen Lichtschutz.
Die innere Schicht aus PE lässt kein Wasser durch.
Manche Kartons haben eine sehr dünnen Aluminiumschicht.
Die Aluminiumschicht sperrt Licht und Aromen.

7. Verbindungstechnik

Einzelne Teile werden durch Verbindung ein Ganzes.
Es gibt dafür viele Möglichkeiten.
Die Verbindung ist lösbar oder unlösbar.
Die Verbindung entsteht durch Formschluss, Kraftschluss oder Stoffschluss.

7.1. Schweißen

Ein Stoff wird mit dem gleichen Stoff verbunden.

Es gibt keinen weiteren Stoff.
Der Stoff wird teilweise flüssig oder plastisch und verbindet sich dann.
Meistens wird der Stoff durch Wärme geschmolzen.
Nach dem Erstarren ist die Verbindung geschaffen.
Stoffe, die nicht sehr flüssig werden sondern nur plastisch, heißen hochviskos.
Hochviskose Stoffe brauchen Wärme, Zeit und Druck für eine gute Verbindung.
Die Verbindung heißt Schweißnaht, Schweißpunkt oder auch Bindenaht.
Die Wärme führt zu Längenausdehnung. Beim Abkühlen ziehen sich die Teile zusammen, sie schwinden. Schwindung führt oft zu Spannung und Formänderung. Die Formänderung wird Schweißverzug genannt.
Schweißverzug kann noch einige Tage nach dem Schweißen Maße verändern.
Wärme ist Bewegung der Atome oder Moleküle.
Wärme kann durch heiße Gase, Reibung, Schallwellen, Licht, elektrischen Strom, chemische Reaktionen und anderes erzeugt werden.
Die Verflüssigung kann auch durch Lösungsmittel erfolgen.
Kunststoffe werden recht häufig durch Verschweißen mit Lösungsmittel verbunden.
Schweißen ergibt eine stoffschlüssige Verbindung.
Schweißen ergibt eine unlösbare Verbindung.

7.2. Löten

Beim Löten wird ein Metall geschmolzen und verbindet einen oder mehrere andere Werkstoffe. Löten ähnelt damit dem Heißkleben.
Löten ergibt eine stoffschlüssige Verbindung.
Löten ergibt eine unlösbare Verbindung.

7.3. Kleben

Schon in der Natur gibt es viele Klebetechniken.
Die Spinne klebt Enden von ihrem Netz fest.
Efeu klebt Haftwurzeln an die Wand.
Muscheln kleben sich an Felsen.
Beim Kleben entsteht eine stoffschlüssige Verbindung.

Beim Kleben entsteht eine unlösbare Verbindung.

Kleben verbindet zwei Werkstücke mit einem Klebstoff.
Der Klebstoff ist also ein weiterer Stoff.
Damit etwas klebt, muss es Verbindungskräfte geben.
Die Kraft innerhalb des Klebstoffs heißt Kohäsion.
Die Kraft zwischen Klebstoff und Werkstück heißt Adhäsion.
Wird eine Klebeverbindung aufgerissen, kann die Adhäsion oder die Kohäsion versagen. Ist auf den Werkstoffen noch Klebstoff, hat die Kohäsion versagt.
Ist auf einem Werkstoff kein Klebstoff mehr, hat die Adhäsion versagt.
Klebezettel lösen sich ohne Rest. Hier versagt die Adhäsion. Das ist bei Klebezetteln gewollt.
Die Adhäsion entsteht meist durch Polarität.
Polare Werkstoffe lassen sich meist gut verkleben.
Unpolare Werkstoffe lassen sich kaum oder nicht verkleben. Bei vielen unpolaren Werkstoffen wird vor dem Verkleben die Oberfläche chemisch verändert. Polarität wird erzeugt.
Oberflächen für das Kleben müssen sauber sein. Die Verbindung zum Werkstoff wird durch Schmutz unterbrochen. Auch Fettspuren von den Fingern können die Klebung schwächen.
Oft ist die Festigkeit des Klebstoffes schwächer als die des Werkstoffes.
Deshalb soll der Klebstoff meist eine möglichst dünne Schicht bilden.
Die Klebefläche muss groß genug sein. Der Klebstoff sollte gleichmäßig beansprucht werden. Ungleichmäßig beanspruchte Klebung kann schrittweise versagen.
Klebstoff muss sich mit der ganzen Oberfläche verbinden. Er muss die ganze Oberfläche benetzen.
Damit der Klebstoff alles benetzt, muss er flüssig sein. Manche Klebstoffe fließen sehr langsam, sie sind hochviskos. Sie brauchen viel Druck, um sich mit der ganzen Oberfläche zu verbinden.
Damit der Klebstoff hält, muss er fest sein.
Klebstoff muss also bei der Verarbeitung flüssig sein und dann fest werden.

7.3.1. Lösungsmittelklebstoff

Klebstoff kann durch Lösungsmittel flüssig sein. Das Lösungsmittel muss dann verschwinden. Die geklebten Werkstücke nehmen das Lösungsmittel auf. Das Lösungsmittel wird dann weiter an die Umgebung

abgegeben. Oft wird das Werkstück durch das Lösungsmittel verändert oder geschädigt.
Oft ist das Lösungsmittel Wasser. Nur Werkstoffe, die Wasser aufnehmen, können damit geklebt werden.
Manche Werkstoffe werden durch Wasser geschädigt.
Manche Lösungsmittel gefährden die Gesundheit.
Viele Lösungsmittel sind für den Lebensmittelbereich nicht erlaubt.

7.3.2. Zweikomponentenklebstoff, Reaktionsklebstoff

Der flüssige Klebstoff härtet durch eine chemische Reaktion.
Häufig werden zwei Bestandteile (Komponenten) gemischt.
Diese reagieren miteinander. Die Mengen der zwei Bestandteile sollen sehr genau abgemessen werden.[15]
Wenn von einem Bestandteil zu viel da ist, bleibt er als Rest.
Restliche Bestandteile schwächen die Klebung.
Restliche Bestandteile schaden oft der Gesundheit.
Die zweite Komponente kann aber auch versteckt sein.
Sekundenkleber reagiert mit der Feuchtigkeit in den Werkstücken oder aus der Luft. Hände haben Feuchtigkeit. Sekundenkleber klebt Hände deshalb sehr schnell.
Die zweite Komponente kann in Mikrokapseln versteckt sein.
Mikrokapseln können unsichtbar klein sein. Schraubensicherungskleber haben oft Mikrokapseln.

7.3.3. Lichthärtende Klebstoffe

Durch Licht können chemische Reaktionen ausgelöst werden.
Lichthärtende Klebstoffe kleben lichtdurchlässiges Material.

7.3.4. Schmelzklebstoffe

Durch Wärme verflüssigte Klebstoffe heißen Schmelzklebstoffe.
Schmelzklebstoffe werden auch *Hotmelt* genannt.
Es wird kein Lösungsmittel verwendet. Probleme, die von Lösungsmitteln ausgehen, fallen also weg.
Oft hilft es sehr, die Werkstoffe anzuwärmen. Der Klebstoff kann dann die Oberfläche besser benetzen.

---

15 Wird eine Waage verwendet, sollte sie mit dünner Folie abgedeckt werden.

7.3.5. Dispersionsklebstoff

Eine Dispersion ist ein fein verteilter Stoff in einer Flüssigkeit. Klebstoffbestandteile sind fein in Wasser verteilt. Als Hilfsmittel dienen Emulgatoren oder Tenside. Das Wasser verdunstet oder dringt in den Werkstoff ein. Die Klebstoffbestandteile sind nicht mehr getrennt. Sie verbinden sich. Die Verbindung zum Werkstoff beruht auch auf Formschluss. Holz z. B. hat Poren. Holzleim (Weißleim) dringt in die Poren ein. Auch Pappen lassen sich so kleben.

7.4. Schrauben

Eine Schraube ist vereinfacht eine Stange mit einem Gewinde und einem Kopf.
Der Kopf hat zwei Aufgaben:
Er bietet die Möglichkeit, die Schraube zu drehen.
Er ermöglicht den Antrieb.
Der Kopf drückt das Werkstück in die Schraubrichtung.
Die Schraubverbindung beruht auf diesem Druck.
So entsteht eine Kraft in Richtung der Schraube.
Der Kopf drückt ein Werkstück so gegen ein weiteres Material.
Die Reibung zwischen Werkstück und Material sorgt für Kraft quer zur Schraube. Die festgezogene Schraube dient also nicht als Stift oder Bolzen. Die Schraube wird nicht quer belastet.
Eine Schraubverbindung erfolgt durch die Zugkraft und die Reibungskraft.
Die Schraubverbindung ist ein Kraftschluss.
Der Gewindestift ist damit keine echte Schraube.
Die Bezeichnung »Madenschraube« für den Gewindestift ist also irreführend.
Schraubverbindungen sind lösbare Verbindungen.
Die Schraube hat ein Außengewinde. Sie schraubt sich in ein Innengewinde.
Manche Schrauben erzeugen das Innengewinde im Material selbst.
Holzschrauben schneiden sich ein Innengewinde in das Holz.
Kunststoffdübel werden durch passende Schrauben umgeformt[16] oder geschnitten.

---

16 Holzschrauben beschädigen oft Kunststoffdübel. Sie sind nicht für jeden Kunststoffdübel geeignet.

Bohrschrauben bohren in Blech und formen sich ein Gewinde.
Feste dickere Materialien erfordern ein vorbereitetes Innengewinde.
Damit Innengewinde und Außengewinde sicher zueinander passen, sind sie genormt. Normteile lassen sich auch gut ersetzen.
Häufig werden Schraubenmuttern genutzt.

7.4.1. Metrische Gewinde

Die häufigste Norm ist das metrische Gewinde.
Die Bezeichnung beginnt mit dem Kürzel »M«. Die nachfolgende Zahl ist das Nennmaß. Das Nennmaß ist der Außendurchmesser des Außengewindes. Um das Nennmaß einer Schraube zu bestimmen, wird sie außen gemessen.
Wenn kein »x« und eine weitere Zahl folgt, ist es ein Regelgewinde. Die Steigung der Regelgewinde steht in Tabellenbüchern.
Feingewinde haben eine geringere Steigung. Ihre Steigung ist hinter dem »x« angegeben.
Metrische Schrauben sind im Regelfall Rechtsgewinde. Wird die Schraube im Uhrzeigersinn gedreht, wird sie fest. Linksgewinde werden mit »LH« gekennzeichnet.

7.4.2. Festigkeitsklassen

Es gibt Schrauben in verschiedener Festigkeit.
Bei vielen Schrauben ist die Streckgrenze und die Zugfestigkeit am Kopf ablesbar. Diese Zahlen stehen auch auf der Verpackung.

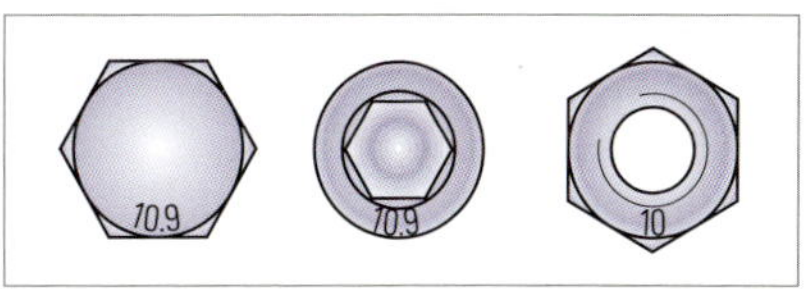

Festigkeitsklassen

Die Streckgrenze ist der Wert, ab dem die Schraube sich dauerhaft verformt. Wird die Streckgrenze überschritten, stimmt die Steigung nicht mehr.

Wird die Zugfestigkeit überschritten, reißt die Schraube ab.
Auf dem Kopf stehen meist zwei Zahlen. Diese Zahlen sind durch einen Punkt getrennt. Die erste Zahl mal 100 ergibt die Zugfestigkeit in Newton pro mm^2.

Bei einer 8.8-Schraube ist die Zugfestigkeit also $800 \frac{N}{mm^2}$.

$$R_m = 8 \times 100 \frac{N}{mm^2} = 800 \frac{N}{mm^2}$$

Die erste Zahl mal die zweite Zahl mal 10 ergibt die Streckgrenze in Newton pro mm^2.
Bei einer 8.8-Schraube ist die Streckgrenze also $640 \frac{N}{mm^2}$.

$$R_e = 8 \times 8 \times 10 \frac{N}{mm^2} = 640 \frac{N}{mm^2}$$

Diese Zahlen stimmen natürlich nur für unbeschädigte Schrauben.
Die Festigkeit der Schraubverbindung lässt sich nun weiter berechnen. Die Schraube wird bei überschreiten der Streckgrenze beschädigt. In diesem Buch wird mit der Streckgrenze gerechnet.
Die Streckgrenze bezieht sich auf eine Fläche. Diese Fläche wird Spannungsquerschnitt genannt. Der Spannungsquerschnitt steht im Tabellenbuch. Für eine M6-Schraube ist er zum Beispiel 20,1 mm^2.

Eine 8.8-Schraube M6 hat ein R_e von $640 \frac{N}{mm^2}$.

$$640 \frac{N}{mm^2} \times 20{,}1\ mm^2 = 12\,864\ N$$

Diese Belastung wird typischerweise durch eine Sicherheitszahl geteilt.
Damit diese Berechnung stimmt, müssen einige Dinge beachtet werden:

- Die Schraube muss unbeschädigt sein.
- Das aufnehmende Gewinde (Innengewinde) muss unbeschädigt sein.
- Das Innengewinde muss lang genug sein.
- Das Material des Innengewindes muss fest genug sein.
- Die Mindesteinschraubtiefe muss erreicht werden.

Die Mindesteinschraubtiefe steht in Tabellenbüchern.
Bei Schraubenmuttern muss es eine passende Festigkeitsklasse sein.
Der Kopf der Schraube und die Werkstückfläche müssen gerade zueinander sein. Das verschraubte Werkstück muss den Druck der Schraube aushalten. Passende Unterlegscheiben können den Druck verteilen.
Werden diese Dinge nicht beachtet, kann die Verbindung versagen.

Sechskantschraube mit Regelgewinde

Diese ist eine der häufigsten Schrauben.

Der sechseckige Kopf kann gut mit Schraubenschlüsseln gedreht werden. Unter dem Sechseck ist eine zylindrische Fläche. Die Fläche verhindert ein Verkratzen des Werkstücks.

Zylinderschraube mit Innensechskant

Der Innensechskant ist auch ein zuverlässiger Antrieb.
Der Innensechskant ermöglicht hohe Kräfte und sicheren Halt des Werkzeugs. Ratschenschlüssel und elektrische Schrauber können gut verwendet werden. Der recht kleine Kopf ermöglicht die Verwendung bei wenig Platz. Häufig wird die Schraube in Senkungen verwendet. Die Schraube verschwindet dann im Werkstück.

Senkschraube mit Innensechskant

Die Senkschraube mit Innensechskant wird für dünne Werkstücke mit versenkter Schraube verwendet. Die Senkung hat einen Winkel von 90°. Das Werkstück ist durch die Senkung nicht verschiebbar. Eine Anpassung der Position ist bei der Montage unmöglich.
Der recht kleine Innensechskant kann keine hohen Kräfte übertragen. Wird die Schraube mit Schraubenmuttern verwendet, soll deshalb die Mutter geschraubt werden und nicht die Schraube.

7.4.3. Trennpaste

Werden unverzinkte Schrauben verwendet, ist oft eine Trennpaste sinnvoll. Besonders bei Schrauben aus nichtrostendem Stahl sind Trennpasten sinnvoll. Nichtrostende Schrauben sind meist auf dem Kopf mit »A2« beschriftet. Trennpasten verhindern das »Fressen«.
Als Fressen wird ein Verkanten und Kaltverschweißen bezeichnet. Üblich sind Kupferpasten, Aluminiumpasten und Keramikpasten.

7.5. Nieten

Der einfachste Niet ist ein Draht.
Der Draht ist an einer Seite verdickt.
Zum Nieten wird der Niet durch ein Loch gesteckt. Die andere Seite wird mit einem Hammer gestaucht. Die andere Seite wird dann auch dicker. Der Draht wird dicker und füllt das Loch ganz aus.
Nieten ergibt eine unlösbare Verbindung.
Nieten ergibt einen Formschluss.

Nieten ist kostengünstig.
Beim Nieten entsteht wenig zusätzliches Gewicht.

Es gibt auch hohle Niete.
Blindniete gehören zu den hohlen Nieten.
Blindniete werden von einer Seite aus montiert.
Ein Zugang von der anderen Seite ist nicht notwendig.

7.6. Schnappverbindung

Es gibt verschiedene Schnappverbindungen.
Die Bezeichnungen sind nicht immer eindeutig.
Bei Schnappverbindungen entsteht ein Formschluss.
Es wird eine elastische Kraft überwunden.
Neben dem Druckknopf sind Clipse sehr häufig.

7.6.1. Clipsen (Klipsen)

Clipsen ergibt eine formschlüssige Verbindung.
Eine weitere Bezeichnung ist „Federklemmverbindung".
Manche Betriebe verwenden die Bezeichnung „Clipsen" nur, wenn eine federnde Klammer hinzugefügt wird.
Es gibt Clipse für lösbare oder für unlösbare. Verbindungen
Geclipste Dinge begegnen uns täglich.
Trotzdem wird diese Verbindungstechnik wenig beschrieben.
Beim Clipsen werden meist Werkstücke zusammengesteckt.
Eventuell werden auch Werkstücke in den Clips gesteckt.

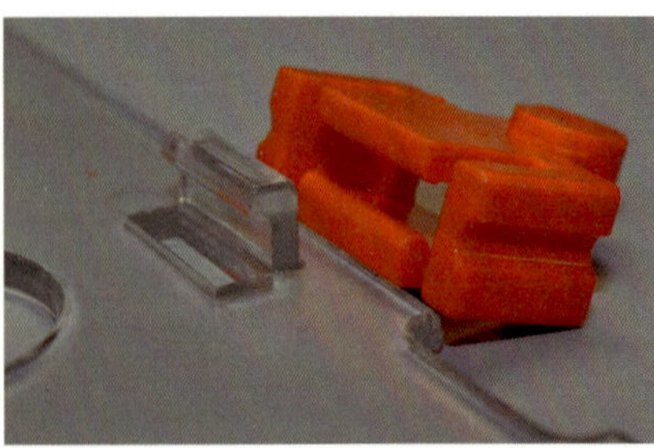

Lösbarer Clip: Der Federweg ist im orangen Teil

Unlösbare Clipse bestehen aus einem Haken und einer Aussparung

Der Haken rutscht in die Aussparung.
Dies ist gut mit einer zufallenden Tür vergleichbar. Der Haken heißt bei einer Tür Schlossfalle. Wird eine Tür zugedrückt, wird die Schlossfalle weggeschoben. Am Ende des Weges erreicht die Schlossfalle die Aussparung im Schließblech.
Die Schlossfalle hakt da ein. Die Schlossfalle bewegt sich dazu.
Dazu muss auf der Schlossfalle eine elastische Kraft wirken. Eine Feder bewirkt diese Kraft. Auch Clipse brauchen einen federnden Bereich. Eine Clipsverbindung hat also Haken, Aussparung und Federweg.
Wird der Haken durch eine Rundung ersetzt, ist es eine lösbare Verbindung.

Stichwortverzeichnis

Bildquellenverzeichnis

Dipl. Ing Manfred Appel, A & I Planungsgruppe, Lübeck: S. 14.1; 18.1; 21.1; 30.2; 31.1, 3; 33.1; 36.1, 2, 3; 63.1; 73.1
Prof. Dr. Wolfgang Magin, Großostheim-Ringheim: S. 29.1
Reiner Haffer, Dautphetal: S. 19.1, 2
Ulrich Karthäuser, Waldbröl: S. 12.1; 15.1, 2; 16.1; 20.1, 2; 31.2; 43.1; 76.1; 77.1

ISBN 978-3-582-31974-6 Best.-Nr. 31974

Verlag Handwerk und Technik GmbH,
Lademannbogen 135, 22339 Hamburg; Postfach 63 05 00, 22331 Hamburg – 2020
E-Mail: info@handwerk-technik.de – Internet: www.handwerk-technik.de

Satz und Layout: pagina GmbH Publikationstechnologien, 72070 Tübingen
Druck: RCOM Print GmbH, 97222 Würzburg-Rimpar